特种设备检验检测技术与安全评定

张德超　于亮　庄国华◎主编

中国商业出版社

图书在版编目（CIP）数据
特种设备检验检测技术与安全评定 / 张德超，于亮，庄国华主编. -- 北京 : 中国商业出版社，2025. 4.
ISBN 978-7-5208-3377-6
Ⅰ. TB4；X93
中国国家版本馆CIP数据核字第2025GG4460号

责任编辑：许启民
策划编辑：武维胜

中国商业出版社出版发行
（www.zgsycb.com 100053 北京广安门内报国寺 1 号）
总编室：010-63180647 编辑室：010-83128926
发行部：010-83120835/8286
新华书店经销
北京厚诚则铭印刷科技有限公司印刷

*

710 毫米 ×1000 毫米 16 开 8 印张 131 千字
2025 年 4 月第 1 版 2025 年 4 月第 1 次印刷
定价：58.00 元

* * * *

（如有印装质量问题可更换）

前　言

特种设备，通常为机电或者承压设备，比方说起重机等。这些设备虽然对社会生产生活起到极大的积极作用，但是其在操作或运行过程中具有较大的危险性，对人的生命以及财产安全造成相应的威胁，因此对特种设施展开相应的检测有着极强的现实意义。我们必须加大对特种设施检测的力度，对整个工作中存在的安全风险进行综合研判，以使特种设施能够高效安全运行。对特种设备的检测，必须借助专业人员科学、先进、高效的检测技术来实现，先进的检测技术和方法，可以提高检测的准确性和效率，为特种设备的安全运行提供更加可靠的保障。另外，这也将推动相关领域的技术进步和创新发展。

本书共分五章：第一章特种设备概述；第二章特种设备安全监管与评价；第三章起重设备安全检验与管理；第四章特种车辆安全检验与管理；第五章特种设备检验检测技术的应用。全书共 13 万余字。该书由临沂市特种设备检验研究院张德超、山东省特种设备检验研究院集团有限公司于亮、淄博市特种设备检验研究院庄国华担任主编。其中主编张德超承担 6 万余字；主编于亮承担 3.5 万余字；主编庄国华承担 3.5 万余字。

本书由于编写时间仓促，加之笔者水平有限，难免有一些疏漏和不足之处，希望广大读者给予批评指正，对此编者不胜感激。

目　录

第一章　特种设备概述

第一节　特种设备发展

一、早期发展阶段

特种设备的起源可以追溯到工业革命时期。18 世纪 60 年代，工业革命在英国兴起，这场技术革命带来了生产方式的巨大变革，也为特种设备的发展奠定了基础。在这一时期，随着蒸汽机的发明和广泛应用，锅炉作为产生蒸气的关键设备应运而生。早期的锅炉结构相对简单，主要是一个盛水的大直径圆筒形立式锅壳，后来逐渐发展为卧式锅壳，在锅壳下方砖砌炉体中烧火。为了增加受热面积，又在锅壳中加装火筒，形成了火筒锅炉。1830 年左右，随着优质钢管的生产和胀管技术的掌握，火管锅炉出现，一些火管装在锅壳中构成主要受热面，火（烟气）在管内流过，卧式外燃回火管锅炉就是这一时期的典型代表，其金属耗量较低，但需要较大的砌体。这一时期的锅炉主要用于为蒸汽机提供动力，广泛应用于矿山抽水、纺织厂动力供应等领域，极大地推动了工业生产的发展。

同时，起重机械也在这一时期得到了初步发展。古希腊哲学家阿基米德提出的杠杆原理为起重机械的发展奠定了理论基础，后来衍生出了滑轮，进而出现了简单的吊物装置。公元前 10 年，古罗马建筑师维特鲁维斯描述的起重机械，有一根桅杆，杆顶有滑轮，由牵索固定桅杆位置，再利用绞盘组成提升重物，这被认为是最早的起重机雏形。到了工业革命时期，1805 年，格兰工程师伦尼为伦敦船坞建造了第一批蒸汽起重机，起重部分架在车架上，移动需要牵引车，具有现代意义上的起重机诞生了。虽然其移动性较差，起重能力也不强，但它标志着起重机械开始向机械化迈进，在港口装卸、建筑施工等领域发挥了重要作用。早期的特种设备虽然技术相对简单，但它们的出现开启了特种设备发展的序幕，为后续的技术进步和应用拓展奠定了基础。

二、快速发展阶段

随着科技的不断进步和工业的蓬勃发展，特种设备进入了快速发展阶段。在 20 世纪，尤其是第二次世界大战之后，工业生产规模迅速扩大，对特种设备的需求也日益增长，这推动了特种设备在技术和规模等方面的快速发展。

在压力容器领域，技术革新不断涌现。随着石油、化工等行业的发展，对压力容器的要求越来越高，不仅需要其具备更高的压力承受能力，还需要更好的耐腐蚀性能和安全可靠性。在材料方面，高强度合金钢等新型材料被广泛应用于压力容器制造，提高了容器的强度和耐用性。在设计和制造工艺上，不断采用先进的技术和方法，如有限元分析技术的应用，使得压力容器的设计更加科学合理，更能够准确地预测容器在不同工况下的性能；自动化焊接技术的发展，提高了焊接质量和生产效率，保证了容器的制造精度。这一时期，压力容器的应用范围也不断扩大，从传统的石油、化工行业，逐渐拓展到能源、医药、食品等多个领域。

电梯技术也在这一时期取得了重大突破。随着高层建筑的不断增多，对电梯的需求不仅体现在数量上，更体现在速度、安全性和舒适性等方面。电气控制技术的应用，使得电梯的运行更加平稳、高效，能够实现精准的楼层停靠；安全保护装置不断完善，如限速器 – 安全钳系统、缓冲器等的广泛应用，这大大提高了电梯的安全性能，有效降低了事故发生率。同时，电梯的载重量和运行速度也不断提升，满足了不同建筑的需求。

起重机械在这一时期也得到了快速发展。汽车式底盘逐渐应用于各类工程机械，汽车起重机应运而生，其具有良好的机动性和灵活性，能够在不同的工作场地快速转移和作业。同时，起重机械的起重量不断增大，工作范围不断扩大，能够满足大型工程项目的需求。

三、现代发展阶段

进入现代社会，随着信息技术、自动化技术、新能源技术等的飞速发展，特种设备呈现出智能化、绿色环保等新的发展趋势。

智能电梯成为电梯行业的发展方向。通过集成先进的控制系统、物联网技术和人工智能算法，智能电梯实现了能效的显著提升和运营成本的降低。智能电梯能够根据乘客的需求和楼层使用情况，自动优化运行路径，减少不必要的停靠和等待时间，提高运行效率。同时，通过物联网技术，电梯可以实现远程监控和故障诊断，管理人员可以实时了解电梯的运行状态，及时发现并处理故障，这大大提高了电梯的可靠性和安全性。一些智能电梯还具备人脸识别、语音控制等功能，为乘客提供更加便捷、舒适的乘坐体验。

节能锅炉成为锅炉行业的发展重点。随着全球对能源节约和环境保护的重视程度不断提高，节能锅炉在技术上不断创新。新型高效节能锅炉不断涌现，如高温高压锅炉、循环流化床锅炉、余热回收锅炉等，这些锅炉在能效、环保、自动化等方面均有较大提升。采用先进的燃烧技术，如低氮燃烧技术，能够降低氮氧化物的排放，减少对环境的污染；余热回收技术的应用，能够将锅炉排放的余热进行回收利用，以提高能源利用效率，降低能源消耗。同时，自动化控制技术在锅炉中的应用，实现了锅炉运行过程的智能化控制，并能够根据负荷变化自动调整燃烧工况，从而保证了锅炉的稳定运行，进一步提高了节能效果。

在绿色环保方面，特种设备制造企业越来越注重采用环保材料和生产工艺。在压力容器制造中，采用可回收、低污染的材料，减少对环境的影响；在电梯制造中，优化设计，减少材料的使用量，同时提高材料的利用率。一些特种设备还采用了新能源技术，如电动起重机采用锂电池作为动力源，减少了对传统燃油的依赖，降低了碳排放。这些绿色环保措施不仅符合可持续发展的要求，也为企业带来了良好的社会效益和经济效益。现代特种设备的发展趋势不仅体现了科技进步对行业的推动作用，也反映了社会对安全、环保、高效的追求，同时也为工业生产和人们的生活带来了极大的便利和保障。

第二节　特种设备分类

一、承压类特种设备

（一）锅炉

锅炉是一种利用燃料燃烧释放的热能或其他热能将工质水或其他流体加热到一定参数的能量转换设备，其范围规定为设计正常水位容积大于或者等于30L，且额定蒸汽压力大于或者等于0.1MPa（表压）的承压蒸汽锅炉；出口水压大于或者等于0.1MPa（表压），且额定功率大于或者等于0.1MW的承压热水锅炉；额定功率大于或者等于0.1MW的有机热载体锅炉。

从能源利用的角度来看，锅炉是一种能源转换设备，在锅炉中，一次能源（如煤、油、天然气等燃料）的化学贮藏能通过燃烧过程转化为燃烧产物（烟气和灰渣）所载有的热能，然后又通过传热过程将热量传递给中间载热体，依靠它将热量输送到用热设备中去。这种传输热量的中间载热体属于二次能源，因为它的用途就是向用能设备提供能量。当中间载热体用于在热机中进行热－功转换时，就叫作“工质”；如果中间载热体只是向热设备传输、提供热量以进行热利用，则通常被称为“热媒”。

按用途分类，锅炉可分为电站锅炉、工业锅炉、热水锅炉、特种锅炉等。电站锅炉主要用于火力发电厂，其容量大、参数高、技术新、要求严，是火力发电的关键设备之一；工业锅炉在各工业生产（如纺织、印染、制药、化工、炼油、造纸等）的流程、采暖、制冷中提供蒸汽或热水；热水锅炉主要用于民用采暖或供热；特种锅炉则包括双工质两汽循环锅炉、核燃料锅炉、船舶锅炉、机车锅炉、废液锅炉、余热锅炉、直流锅炉等，它们在各自特定的领域发挥着重要作用。

按压力分类，可分为常压锅炉、低压锅炉、中压锅炉、高压锅炉、超高压锅炉、亚临界锅炉和超临界锅炉。常压锅炉是在一个正常大气压下工作的锅炉；低压锅炉压力小于等于 2.5MPa；中压锅炉压力小于等于 3.9MPa；高压锅炉压力小于等于 10.0MPa；超高压锅炉压力小于等于 14.0MPa；亚临界锅炉压力介于 17—18MPa；超临界锅炉压力介于 22—25MPa。不同压力等级的锅炉在设计、制造和使用上都有不同的要求，以确保其安全和高效运行。

按照工质种类和输出状态，锅炉又可分为蒸汽锅炉、热水锅炉和特种工质锅炉。蒸汽锅炉的工质为水，输出工质为水蒸气，蒸气有饱和蒸气及过热蒸气之分；热水锅炉工质为水，输出工质为未饱和的热水；特种工质锅炉的工质则是除水以外的其他化工流体，如汞水银蒸汽锅炉等。按本体结构型式分类，有锅壳式锅炉和水管锅炉。锅壳式锅炉的燃烧和吸热蒸发都在一圆筒体内完成，有卧式和立式之分；水管锅炉主要受热面为管子，其安全可靠性大大提高，电站锅炉一般均为水管锅炉。

（二）压力容器

压力容器是内部或外部承受气体或液体压力、并对安全性有较高要求的密封容器，在石油化学工业、能源工业、科研和军工等国民经济的各个部门都起着重要作用。其用途广泛，种类繁多，不同类型的压力容器在设计、制造和使用上都有不同的要求。

按压力等级分类，压力容器可分为内压容器与外压容器。内压容器又可按设计压力（p）大小分为四个压力等级，具体划分如下：低压（代号 L）容器，$0.1MPa \leq p < 1.6MPa$；中压（代号 M）容器，$1.6MPa \leq p < 10.0MPa$；高压（代号 H）容器，$10MPa \leq p < 100MPa$；超高压（代号 U）容器，$p \geq 100MPa$。外压容器中，当容器的内压力小于一个绝对大气压（约 0.1MPa）时又称为真空容器。压力等级的划分决定了压力容器的设计、制造和检验标准，不同压力等级的容器在选材、结构设计等方面都有差异，以确保其能够承受相应的压力。

按容器在生产中的作用分类，可分为反应压力容器、换热压力容器、分离压力容器和储存压力容器。反应压力容器（代号 R）主要用于完成介质的物理、化学反应，如反应器、反应釜、聚合釜、高压釜、合成塔、蒸压釜、煤气发生炉等；

换热压力容器（代号 E）主要用于完成介质热量交换，如管壳式余热锅炉、热交换器、冷却器、冷凝器、蒸发器、加热器等；分离压力容器（代号 S）主要用于完成介质流体压力平衡缓冲和气体净化分离，如分离器、过滤器、集油器、缓冲器、干燥塔等；储存压力容器（代号 C，其中球罐代号 B）主要用于储存、盛装气体、液体、液化气体等介质，如液氨储罐、液化石油气储罐等。在实际应用中，有些压力容器可能同时具备多种功能，但通常会根据其主要作用进行分类。

按照安装方式，压力容器可分为固定式压力容器和移动式压力容器。固定式压力容器指有固定安装和使用地点，工艺条件和操作人员也较固定的压力容器，如生产车间内的卧式储罐、球罐、塔器、反应釜等；移动式压力容器指由罐体或者大容积气瓶与行走装置或者框架采用永久性连接组成的运输设备，包括铁路罐车、汽车罐车、长管拖车、罐式集装箱和管束式集装箱等。移动式压力容器在运输过程中需要考虑惯性力、液体晃动等因素，因此在结构、使用和安全方面都有特殊的要求，如需要具备良好的抗震、抗冲击性能，以及严格的安全防护措施。

（三）压力管道

压力管道是指利用一定的压力，用于输送气体或者液体的管状设备，其范围规定为最高工作压力大于或等于 0.1MPa（表压），介质为气体、液化气体、蒸汽，或者可燃、易爆、有毒、有腐蚀性、最高工作温度高于或者等于标准沸点的液体，且公称直径大于或等于 50mm 的管道。公称直径小于 150mm，且其最高工作压力小于 1.6MPa（表压）的输送无毒、不可燃、无腐蚀性气体的管道和设备本体所属管道除外。

压力管道具有输送距离长、工作环境复杂、介质多样等特点。由于其输送的介质往往具有危险性，如可燃、易爆、有毒、有腐蚀性等，一旦发生泄漏或破裂，就可能会引发火灾、爆炸、中毒等严重事故，对人员安全和环境造成巨大危害。而且，压力管道通常分布在工厂、城市等各个区域，涉及范围广，其安全运行关系到工业生产的连续性和社会的稳定。

根据用途，压力管道可分为长输管道（GA 类）、公用管道（GB 类）、工业管道（GC 类）和动力管道（GD 类）四类。长输管道是产地、储存库用来运输商品的管道，通常输送距离较长，跨越不同的地区；公用管道是城市或乡镇范围内，用于公用事业或民用的燃气管道和热管道，为居民和企业提供燃气和热能；工业管道是工厂用来运输工业介质的工艺管道，广泛应用于各类工业生产过程中；动力管道是火力发电厂用来输送蒸汽、汽水两种介质的管道，是电力生产中的重要组成部分。

按照压力管道的承受压力大小来进行划分，可将压力管道分为低压管道、中压管道、高压管道和特高压管道四种。低压管道的工程压力要小于 1.6MPa；中压管道的工程压力在 1.6—6.4MPa 之间；高压管道的工程压力是在 6.4—10MPa 之间；特高压管道工程压力则是 10—20MPa 之间。不同压力等级的管道在材料选择、设计标准和施工要求等方面都有所不同，以确保其能够安全可靠地运行。

二、机电类特种设备

（一）电梯

电梯作为现代建筑中不可或缺的垂直交通工具，具有多种功能和分类方式。从功能上看，电梯主要用于在建筑物内实现人员和货物的垂直运输，极大地提高了人们在高层建筑中的出行效率，解决了因楼层高度带来的交通不便问题。

按用途分类，电梯可分为乘客电梯、载货电梯、医用电梯、观光电梯、车辆电梯等。乘客电梯是最为常见的类型，广泛应用于住宅楼、商业楼、写字楼等场所，为人们提供日常的垂直交通服务。其设计注重安全性和舒适性，配备完善的安全设施，如限速器 - 安全钳系统、缓冲器等，以确保乘客的安全；同时，轿厢内部通常进行精心装饰，营造出舒适的乘坐环境。

载货电梯主要用于运输货物，通常具有较大的载重量和宽敞的轿厢空间，以满足货物搬运的需求。在商场、仓库、工厂等场所，载货电梯承担着货物上下楼层的运输任务，为物流配送提供了便利。其结构设计更加坚固耐用，能够承受较重的货物重量，并且在操作上通常采用简单易懂的控制方式，方便操作人员使用。

医用电梯是专门为医院设计的，用于运送病床、担架、医用车等。其轿厢具有长而窄的特点，方便病床的进出；同时，对运行的平稳性要求极高，以避免对病人造成不适。在医院中，医用电梯是保障医疗救援和物资运输的重要设备，必须确保能够快速、安全地运行。

观光电梯的轿厢壁透明，主要安装在风景名胜区、高楼大厦或旅游景点等地方，供乘客观赏周围景色，为乘客带来独特的体验。其设计注重外观美观和视觉效果，与周围环境相融合，成为建筑的一道亮丽风景线。

车辆电梯则用于装运车辆，常见于停车场、汽车维修厂等场所，能够方便地将车辆提升或下降到不同楼层。其轿厢尺寸和承载能力根据车辆的大小和重量进行设计，具备较强的承载能力和稳定性。

按驱动方式分类，电梯可分为曳引式电梯、液压式电梯、螺杆式电梯和直线电机驱动电梯。曳引式电梯是最常见的类型，广泛应用于各类建筑。其工作原理是通过电动机驱动曳引轮，以曳引钢丝绳悬挂轿厢，实现轿厢的上下运动。这种电梯效率高、速度快、舒适性好，适用于不同楼层的建筑。在高层建筑中，曳引式电梯能够快速地将乘客送达高层，节省出行时间。

液压式电梯主要依靠液压油缸推动轿厢上下运动，适用于低层建筑，如住宅小区、医院等。其优点是结构简单、安装方便、噪声低，但由于液压系统的限制，速度和提升高度相对较低。在一些多层住宅小区中，液压式电梯能够满足居民的日常出行需求，并且其较低的噪声不会对居民生活造成干扰。

螺杆式电梯采用螺杆作为驱动，通过螺母与螺杆的相对运动实现轿厢的垂直运输。其特点是占用空间小、无需机房、安装灵活，适用于旧楼改造和家庭电梯安装。然而，螺杆式电梯的速度较慢，成本相对较高。在一些老旧建筑的电梯改造中，螺杆式电梯因其安装方便、无需机房的特点而得到应用。

直线电机驱动电梯是一种新兴的电梯驱动技术，利用直线电机直接驱动轿厢，实现高速、大容量、长行程的垂直运输。这种电梯运行平稳、噪声低、能耗低，且无需缆绳和机房，适用于超高层建筑。随着科技的不断发展，直线电机驱动电梯有望在未来的超高层建筑中得到更广泛的应用。

（二）起重机械

起重机械是一种用于垂直升降或者垂直升降并水平移动重物的机电设备，在工业生产、建筑施工、港口装卸等领域发挥着重要作用。其结构通常由金属结构、工作机构、驱动装置、操纵系统和安全保护装置等部分组成。金属结构是起重机械的骨架，承受着起重机的自重和载荷，通常由型钢和钢板焊接而成，具有较高的强度和稳定性。工作机构包括起升机构、运行机构、变幅机构和旋转机构，这些机构相互配合，实现重物的起升、移动和定位。起升机构是核心部件，用于实现物料的垂直升降；运行机构使起重机或起重小车能够水平移动，扩大作业范围；变幅机构通过改变臂架的长度和仰角来调整作业幅度；旋转机构则使臂架绕垂直轴线回转，以实现物料在环形空间内的搬运。

按结构和用途分类，起重机械可分为桥式起重机、门式起重机、塔式起重机、流动式起重机、门座式起重机、升降机、缆索式起重机、桅杆式起重机、机械式停车设备等。

桥式起重机主要由桥架、小车运行机构、大车运行机构、起升机构和电气控制系统等组成。桥架横跨在建筑物的两侧，小车在桥架上横向移动，大车沿建筑物纵向运行，起升机构安装在小车上，通过吊钩或其他取物装置实现重物的垂直升降和水平运移。这种起重机具有结构简单、操作方便、工作效率高的特点，广泛应用于工厂、仓库、车间等场所，用于吊运各种物料。在机械制造工厂中，桥式起重机能够将大型零部件准确地吊运到加工位置，提高生产效率。

门式起重机的结构与桥式起重机相似，但它的桥架通过两侧的支腿支撑在地面轨道上，形成一个“门”字形。门式起重机具有场地利用率高、作业范围大、适应面广等优点，常用于港口、码头、货场等露天场所的货物装卸和搬运。在港口，门式起重机能够轻松吊运集装箱等大型货物，实现货物的快速装卸和转运。

塔式起重机由塔身、起重臂、平衡臂、塔顶、回转机构、起升机构、变幅机构和电气控制系统等组成。塔身直立，起重臂可回转，通过起升机构和变幅机构实现重物的垂直和水平移动。塔式起重机具有起升高度高、工作幅度大、吊运效率高的特点，是建筑施工中不可或缺的设备，主要用于吊运建筑材料、构件等。

在高层建筑施工中，塔式起重机能够将建筑材料吊运到高空作业面，满足施工需求。

流动式起重机主要包括汽车式起重机、轮胎式起重机和履带式起重机等。它们具有机动性好、转移迅速的特点，能够在不同的工作场地灵活作业。汽车式起重机以汽车底盘为运行装置，具有行驶速度快、灵活性好的优点，适用于各种临时作业场所；轮胎式起重机的运行装置为轮胎，稳定性较好，可在一些较平整的场地作业；履带式起重机采用履带行走，具有良好的通过性和稳定性，能够在复杂的地形条件下作业，常用于大型基础设施建设、矿山开采等领域。在道路桥梁建设中，汽车式起重机能够快速到达施工现场，完成物料吊运任务。

门座式起重机通常安装在港口、码头的门座上，由门座、回转机构、起升机构、变幅机构和运行机构等组成。它具有起升高度大、工作幅度大、能在圆形空间内作业的特点，主要用于港口货物的装卸和搬运，可吊运各种集装箱、散货等。在繁忙的港口码头，门座式起重机能够高效地进行货物装卸作业，提高港口的吞吐能力。

（三）客运索道

客运索道是一种利用架空绳索支撑和牵引客车运送乘客的运输设备，其工作原理是通过驱动装置带动钢丝绳，使挂在钢丝绳上的客车沿着既定的轨道运行，从而实现人员的运输。客运索道通常由驱动装置、迂回装置、钢丝绳、客车、支架、电气控制系统和安全保护装置等部分组成。驱动装置为索道提供动力，使钢丝绳运动；迂回装置用于改变钢丝绳的运动方向；钢丝绳是承载客车和乘客的关键部件；客车是乘客乘坐的载体；支架用于支撑钢丝绳和客车，以确保索道的稳定运行；电气控制系统实现对索道运行的控制和监测；安全保护装置则保障乘客的安全，如防坠落装置、超速保护装置等。

根据其结构和运行方式，客运索道可分为客运架空索道、客运缆车、客运拖牵索道等。

客运架空索道是最常见的类型，它通过架空的钢丝绳将客车悬挂在空中运行。根据线路形式，客运架空索道又可分为单线循环式、双线循环式、单线脉动式和双线往复式等。单线循环式索道采用一根钢丝绳，客车通过抱索器连接在钢丝绳上，随钢丝绳循环运行，这种索道结构简单、成本较低，适用于客流量较小的景区；双线循环式索道采用两根钢丝绳，一根用于承载客车，另一根用于牵引，具有较高的运输能力和安全性，常用于客流量较大的旅游景区。在一些著名的山区旅游景点，如泰山、黄山等，客运架空索道为游客提供了便捷的上山方式，让游客能够轻松欣赏到山顶的美景。

客运缆车是利用轨道和缆车车厢在倾斜的轨道上运行，通常由牵引设备、轨道、缆车车厢、电气控制系统和安全保护装置等组成。缆车车厢沿着轨道上下移动，具有运行平稳、乘坐舒适的特点。客运缆车适用于地形较为陡峭、线路较短的区域，如山区的旅游景点或城市的山坡地区。在重庆的一些山城景区，客运缆车成为游客体验山城特色、欣赏城市风光的重要交通工具。

客运拖牵索道主要用于滑雪场等场所，通过拖牵设备将乘客从低处牵引到高处。它具有结构简单、投资少、建设速度快的特点，能够满足滑雪场快速运输滑雪者的需求。在冬季的滑雪场，客运拖牵索道让滑雪者能够快速回到雪道起点，提高了滑雪的效率和乐趣。

（四）大型游乐设施

大型游乐设施是指用于经营目的，承载乘客游乐的设施，给人们带来欢乐和刺激的体验。其类型丰富多样，涵盖了过山车、摩天轮、旋转木马、大摆锤、海盗船等多种形式，每种设施都具有独特的特点和娱乐价值。

过山车是一种极具刺激性的游乐设施，通常由轨道、车辆、提升装置、制动装置等部分组成。它以高速行驶、急速转弯、突然下降等方式，给乘客带来强烈的心跳加速和兴奋感。过山车的轨道设计复杂多样，包括各种坡度、弯道和起伏，车辆在轨道上依靠重力和惯性运行。在一些大型主题公园，如迪士尼乐园、欢乐谷等，过山车是最受欢迎的游乐项目之一，吸引了众多游客排队体验。

摩天轮是一种大型的旋转游乐设施，由轮盘、座舱、支撑结构和驱动装置等组成。轮盘通常呈圆形，座舱悬挂在轮盘边缘，随着轮盘的旋转，乘客可以逐渐升高，俯瞰周围的景色。摩天轮的运行速度相对较慢，给人一种平稳、悠闲的感觉，适合各个年龄段的游客。在城市中，摩天轮常常成为地标性建筑，如伦敦眼、南昌之星等，不仅为游客提供了娱乐，也成了城市的一道亮丽风景线。

旋转木马是一种充满浪漫和童趣的游乐设施，通常由旋转平台、木马、装饰结构和音乐系统等组成。木马固定在旋转平台上，随着平台的旋转而转动，给人一种温馨、欢快的感觉。旋转木马的外观设计精美，常常装饰有各种彩色的灯饰和图案，营造出童话般的氛围，深受儿童和情侣的喜爱。在许多公园和游乐园中，旋转木马都是必不可少的游乐项目。

大摆锤是一种大型的摆动游乐设施，由摆锤、摆臂、支撑结构和驱动装置等组成。摆锤在摆臂的带动下做大幅度的摆动，同时还会绕自身轴线旋转，给乘客带来强烈的失重和超重感。大摆锤的摆动角度较大，速度较快，具有较高的刺激性，适合喜欢挑战和刺激的游客。在一些大型游乐园中，大摆锤以其惊险刺激的体验吸引了众多游客。

海盗船是一种模拟海盗船航行的游乐设施，由船体、摆动机构、支撑结构和电气控制系统等组成。船体在摆动机构的带动下做往复摆动，仿佛在波涛汹涌的大海中航行，给乘客带来一种身临其境的感觉。海盗船的摆动幅度和速度可以调节，不同的摆动状态会给乘客带来不同的感受，既有轻微的摇晃，也有较为剧烈的颠簸，适合不同年龄段的游客体验。

（五）场（厂）内专用机动车辆

场（厂）内专用机动车辆是指除道路交通、农用车辆以外仅在工厂厂区、旅游景区、游乐场所等特定区域使用的专用机动车辆，在工业生产、物流配送、旅游服务等领域发挥着重要作用。其定义明确了使用范围的特定性，与一般道路行驶的车辆有所区别。

场（厂）内专用机动车辆可分为叉车、观光车、牵引车、搬运车等。

叉车是一种广泛应用于仓库、工厂等场所的装卸和搬运设备，主要由门架、货叉、车架、动力装置、液压系统和控制系统等组成。它通过门架的升降和货叉的伸缩，实现货物的装卸和搬运。叉车具有操作灵活、起升高度较高、载重量较大的特点，能够在狭小的空间内作业，提高货物的搬运效率。在物流仓库中，叉车能够快速地将货物从货架上取下或放置到指定位置，完成货物的出入库操作。

观光车是一种用于旅游景区、公园、度假村等场所的载人车辆，通常由车身、底盘、动力装置、电气控制系统和座椅等组成。观光车的设计注重舒适性和美观性，车身通常采用开放式或半开放式结构，方便乘客欣赏周围的景色。它的行驶速度相对较慢，操作简单，能够为游客提供便捷、舒适的游览体验。在一些大型旅游景区，观光车成了游客游览景区的主要交通工具，方便游客在景区内穿梭。

牵引车主要用于牵引其他车辆或设备，通常具有较大的牵引力和动力输出。它由发动机、底盘、传动系统、牵引装置和控制系统等组成，通过牵引装置与被牵引的车辆或设备连接，实现牵引作业。牵引车在工厂、港口等场所常用于牵引拖车、集装箱等，以提高货物的运输效率。在港口，牵引车能够牵引装满货物的集装箱拖车，将货物快速运输到指定地点。

搬运车是一种用于短距离搬运货物的车辆，通常具有较小的体积和灵活的操作性能。它可分为手动搬运车和电动搬运车，手动搬运车依靠人力推动，操作简单，成本较低，适用于搬运较轻的货物；电动搬运车则采用电力驱动，具有较高的搬运效率和较低的劳动强度，适用于搬运较重的货物。在小型仓库或商店中，手动搬运车能够方便地搬运货物；在大型物流中心，电动搬运车则能够快速、高效地完成货物搬运任务。

第三节 操作规程及安全

一、操作规程要点

（一）设备运行前检查

设备运行前的检查是确保特种设备安全、稳定运行的重要环节，需要对多个关键方面进行细致检查。

在电源检查方面，要确认电源电压是否稳定，符合设备的额定电压要求。

过高或过低的电压都可能对设备的电气系统造成损害，影响设备的正常运行。对于电梯来说，如果电源电压不稳定，可能导致电梯运行时出现卡顿、抖动等问题，甚至引发安全事故。同时，还要检查电源线是否破损、老化，插头是否松动，以防止漏电事故的发生。若发现电源线有破损，应及时更换；插头松动则需重新插紧，以确保电源连接可靠。

安全防护装置的检查至关重要。以起重机为例，必须检查其起重量限制器是否正常工作，该装置能够防止起重机超载吊运，一旦起重量超过设定值，限制器会自动切断电路，避免因超载导致起重机倾翻等事故。还要检查行程限制器，它可以限制起重机的运行范围，防止起重机碰撞到障碍物。对于电梯，要检查其门锁装置是否完好，门锁是防止电梯门意外打开的关键部件，只有当电梯轿厢停在正确位置时，门锁才能打开，这样可以确保乘客安全进出电梯。安全钳和限速器也需重点检查，当电梯超速运行时，限速器会触发安全钳动作，将电梯轿厢停在导轨上，防止电梯坠落。

操作环境的检查也不容忽视。对于锅炉来说，要确保锅炉房通风良好，防止可燃气体积聚引发爆炸。同时，检查锅炉房内是否有杂物堆积，杂物可能影响锅炉的散热，增加火灾风险。在检查时，应清理锅炉房内的易燃物和杂物，以保持通道畅通。对于起重机械作业现场，要确保场地平整、坚实，避免起重机在作业过程中因地面不平而发生倾斜。还要检查作业现场是否有障碍物，如有障碍物应及时清除，确保起重机的作业半径内没有人员和物体，以防止在吊运过程中发生碰撞事故。

（二）设备运行中操作规范

设备运行过程中的操作规范直接关系到设备的安全运行和操作人员的生命安全，必须严格遵守相关规定和要求。

操作人员必须严格按照操作规程进行操作，严禁违规操作。在压力容器的操作中，严禁超温、超压运行。因为超温、超压会使压力容器的材料承受过大的应力，导致容器破裂、爆炸等严重事故。操作人员应密切关注容器的温度和压力指示，根据工艺要求进行合理调整。在操作过程中，不得擅自离开工作岗位，如锅炉操作人员在锅炉运行期间离岗，可能无法及时发现锅炉运行中的异常情况，如水位过低、压力过高、燃烧异常等，从而贻误处理时机，引发事故。

在设备运行过程中，操作人员要密切观察设备的运行状态。对于电梯，要注意观察电梯的运行是否平稳，有无异常噪声、振动或异味。若发现电梯运行时出现异常噪声，可能是电梯的机械部件磨损或松动，需要及时停机检查维修；出现异味则可能是电气元件过热或线路短路，应立即采取措施，防止火灾发生。对于起重机械，要观察其起升、运行、变幅等机构的动作是否正常，钢丝绳是否有断丝、磨损等情况。若发现钢丝绳有断丝现象，应根据断丝的数量和严重程度，及时采取更换或修复措施，避免钢丝绳断裂导致重物坠落事故。还要注意观察安全保护装置是否正常工作，如起重机的起重量限制器、行程限制器等，一旦发现安全保护装置失灵，应立即停止作业，进行维修。

在设备运行中，还应注意与其他设备和人员的协同配合。在建筑施工场地，起重机吊运物料时，要与下方的施工人员保持良好的沟通，以确保吊运区域内无人停留。施工人员应听从起重机操作人员的指挥，不得在起重机吊运范围内随意走动或停留，防止被吊运的物料砸伤。同时，起重机操作人员在操作过程中，要注意观察周围其他设备的运行情况，避免与其他设备发生碰撞。

（三）设备运行后维护

设备运行结束后的维护工作是保证设备下次正常运行的关键，主要包括清洁、检查和保养等方面。

清洁工作能够保持设备的整洁，防止灰尘、油污等杂质对设备造成损害。对于电梯，运行结束后应及时清理轿厢内的垃圾和杂物，擦拭轿厢壁和地板，保持轿厢的清洁卫生。同时，还要清理电梯门地坎槽内的杂物，防止杂物堆积影响电梯门的正常开关。对于锅炉，要清理炉膛内的积灰和炉渣，避免积灰和炉渣过多影响燃烧效果和锅炉的热效率。还需清理锅炉的受热面，去除表面的污垢，提高受热面的传热效率。

检查工作是发现设备潜在问题的重要手段。检查设备的零部件是否有松动、磨损、变形等情况，对于发现的问题要及时进行处理。对于起重机，要检查其吊钩、钢丝绳、制动器等关键零部件。吊钩如有裂纹或磨损超过规定值，应及时更换；钢丝绳的磨损、断丝情况要详细检查，根据磨损和断丝程度决定是否更换或维修；制动器的制动性能要进行测试，以确保其能够可靠制动。还要检查设备的电气系统，包括电线电缆是否破损、接头是否松动、电气元件是否正常工作等。若发现电气系统存在问题，应及时修复或更换相关部件，防止电气故障引发火灾或其他安全事故。

保养工作能够延长设备的使用寿命，提高设备的性能和可靠性。根据设备的使用情况和维护手册的要求，对设备进行定期保养。对于压力容器，要定期对其安全附件进行校验，如安全阀每年至少校验一次，以确保安全阀在设备超压时能够及时开启泄压。压力表每半年校验一次，以保证压力指示准确。还要对压力容器的本体进行防腐处理，防止容器内壁和外壁因腐蚀而变薄，影响容器的强度和安全性。对于电梯，要定期对其导轨进行润滑，以减少导轨与轿厢之间的摩擦，进而保证电梯运行平稳。对电梯的传动部件进行检查和保养，如对曳引机进行加油、更换磨损的零部件等，以确保电梯的传动系统正常工作。

二、安全保障措施

（一）安全管理制度

安全管理制度是确保特种设备安全运行的重要保障，其涵盖了多个关键方面，包括责任制度、培训制度、检查制度等，这些制度相互关联、相互支撑，共同构建起特种设备安全管理的体系。

责任制度明确了各部门和人员在特种设备安全管理中的职责，是安全管理制度的核心。在企业中，法定代表人作为特种设备安全的第一责任人，全面负责本单位特种设备安全工作。其职责包括严格执行国家和地方有关特种设备安全管理的法规、规范及标准要求，以确保特种设备安全管理工作的有效开展。在制定特种设备安全管理决策时，法定代表人需要充分考虑安全因素，以确保企业的生产活动符合安全要求。安全管理机构和专职 / 兼职管理人员在法人领导下，对特种设备安全管理负责，他们需要掌握相关特种设备安全知识，满足国家有关安全技术规范对其任职资格的要求，并经特种设备安全监察部门考核合格，持证上岗。这些人员的主要职责包括具体组织制定、修改、落实各项安全管理制度和安全操作规程，定期、不定期检查特种设备，及时发现并处理问题，以及负责特种设备事故的调查、处理、统计、上报等工作。在日常工作中，安全管理人员需要对特种设备进行定期巡检，检查设备的运行状态、安全附件的有效性等，一旦发现问题，及时采取措施进行整改。

培训制度对于提高特种设备作业人员的安全意识和操作技能至关重要。通过定期培训，作业人员能够深入了解特种设备的工作原理、操作规程、安全注意事项等知识，从而有效避免因操作不当引发事故。培训内容应涵盖特种设备的基本知识，包括设备的结构、性能、工作原理等，使作业人员对设备有全面的认识；操作规程的培训则确保作业人员能够正确操作设备，严格按照规定的步骤和要求进行作业；应急处置培训能够让作业人员在遇到突发情况时，迅速、正确地采取措施，降低事故损失。培训方式可以多样化，包括课堂讲授、现场演示、实际操作演练等。

检查制度是及时发现特种设备安全隐患的重要手段。定期检查能够对设备的运行状态进行全面评估，以确保设备的安全性能。检查内容包括设备的本体、安全附件、仪器仪表等。对于锅炉，要检查炉膛、炉管、燃烧器等本体部件是否存在损坏、腐蚀等情况，同时检查安全阀、压力表、水位计等安全附件是否正常工作；对于起重机，要检查金属结构是否变形、开裂，钢丝绳是否磨损、断丝，制动器是否灵敏可靠等。除了定期检查，还应加强日常巡检，及时发现设备运行中的异常情况。巡检人员要密切关注设备的运行声音、振动、温度等参数，发现异常及时报告并处理。

（二）安全附件与保护装置

安全附件和保护装置是特种设备安全运行的重要保障，它们能够在设备出现异常情况时及时发挥作用，有效避免事故的发生，不同类型的特种设备配备有相应的安全附件和保护装置，各自发挥着独特的作用。

安全阀是锅炉、压力容器等承压类特种设备的重要安全附件，其作用是当设备内压力超过规定值时，自动开启排放介质，降低压力，防止设备因超压而发生爆炸等事故。在锅炉运行过程中，如果压力过高，安全阀会自动开启，将蒸汽排出，使压力恢复到正常范围。安全阀的开启压力和排放能力是根据设备的设计压力和安全要求确定的，必须定期进行校验，以确保其灵敏可靠。一般来说，安全阀每年至少校验一次，以保证其在关键时刻能够正常工作。

制动器是起重机械、电梯等机电类特种设备的关键保护装置，用于控制设备的运动速度和停止设备运行。在起重机吊运重物时，制动器能够使吊钩在需要的位置准确停止，防止重物坠落；在电梯运行过程中，当电梯到达楼层时，制动器能够迅速制动，使电梯平稳停靠。制动器的制动性能直接关系到设备的安全运行，必须定期进行检查和维护，以确保其制动可靠。检查内容包括制动器的制动片磨损情况、制动弹簧的弹性、制动间隙的调整等。若发现制动片磨损严重，应及时更换；制动弹簧弹性不足，需进行调整或更换。

紧急制动装置是各类特种设备在紧急情况下的重要保护手段，能够使设备迅速停止运行，避免事故的扩大。在电梯发生故障或遇到紧急情况时，操作人员可以按下紧急制动按钮，使电梯立即停止运行，以保障乘客的安全。在游乐设施运行过程中，如发生异常情况，紧急制动装置能够迅速启动，使游乐设施停止运动，防止游客受到伤害。紧急制动装置应易于操作，并且能够在短时间内使设备停止运行，其可靠性和响应速度至关重要。因此，要定期对紧急制动装置进行测试和维护，以确保其在紧急情况下能够正常工作。

（三）人员培训与资质

特种设备操作人员的培训和资质是保障特种设备安全运行的关键因素，操作人员的专业知识和技能水平直接关系到设备的安全操作和事故预防。

培训对于提高操作人员的安全意识和操作技能具有重要意义。安全意识是操作人员在工作中时刻保持警惕，重视安全的思想观念。通过培训，操作人员能够深刻认识到特种设备操作的危险性，增强自我保护意识，从而在工作中严格遵守操作规程，避免违规操作。在锅炉操作培训中，通过讲解锅炉爆炸等事故案例，让操作人员了解违规操作可能带来的严重后果，从而提高他们的安全意识。操作技能的培训则使操作人员能够熟练掌握特种设备的操作方法和技巧，正确应对各种运行情况。对于起重机操作人员，培训内容包括起重机的起升、运行、变幅等操作技巧，以及如何准确判断吊运物体的重量和重心，以确保吊运过程的安全。培训方式可以采用理论教学与实际操作相结合的方法，先通过课堂讲授让操作人员掌握理论知识，再通过实际操作让他们将理论知识应用到实践中，以提高操作能力。

资质要求是确保操作人员具备专业能力的重要标准。特种设备作业人员必须取得相应的资格证书，才能从事相关作业。不同类型的特种设备对操作人员的资质要求不同，锅炉操作人员需要取得锅炉司炉证，电梯操作人员需要取得电梯维修保养证或电梯司机证等。这些资格证书的取得需要操作人员参加专业培训，并通过严格的考核。考核内容包括理论知识和实际操作技能，只有考核合格的人员才能获得资格证书。资质证书的有效期一般为一定年限，在有效期内，操作人员需要定期参加继续教育和培训，更新知识，提高技能，以保持证书的有效性。

第二章　特种设备安全监管与评价

第一节　特种设备安全管理

一、安全管理的基本要求

（一）设备购置与安装规范

购置特种设备是保障其安全运行的首要环节，对生产厂家资质和设备性能的严格审查至关重要。在选择生产厂家时，需确保其持有有效的特种设备生产许可证，该许可证是企业具备相应生产能力和技术水平的法定证明。

安装过程是特种设备安全管理的关键阶段，涉及众多安全技术规范和要求。安装单位必须具备相应的安装资质，其技术人员应熟悉设备的安装工艺和安全操作规程。在安装前，安装单位需向当地特种设备安全监督管理部门办理安装告知手续，提交安装告知书、施工方案、安装人员资质证书等相关材料，以便监管部门对安装过程进行监督。安装过程中，必须按照设备的安装说明书和相关标准进行施工，以确保设备的安装质量。

（二）设备登记与使用登记证管理

特种设备投入使用后，及时办理使用登记是确保其合法合规运行的必要程序。使用单位应在设备投入使用前或投入使用后 30 日内，向当地特种设备安全监督管理部门申请办理使用登记。办理时，需提交特种设备使用登记表、含有使用单位统一社会信用代码的证明或者个人身份证明、特种设备产品合格证（含产品数据表、车用气瓶安全合格证明）、特种设备监督检验证明（安全技术规范要求进行使用前首次检验的特种设备，应当提交使用前的首次检验报告）等材料。对于与机动车固定的移动式压力容器和车用气瓶，还需分别提交机动车行驶证和机动车登记证书。

监管部门在收到申请材料后，将对其进行审核。审核内容包括材料的完整性、真实性以及设备是否符合安全技术规范要求等。审核通过后，为使用单位颁发特种设备使用登记证。使用登记证是特种设备合法使用的凭证，具有唯一性和权威性，记录了设备的基本信息、使用单位信息、检验有效期等重要内容。使用单位应将登记标志置于或者附着于该特种设备的显著位置，以便于识别和监管。这不仅有助于监管部门对设备进行日常监督检查，及时掌握设备的使用状态，还能提醒操作人员和相关人员注意设备的安全使用要求，以增强安全意识。

（三）设备检验与定期校验

特种设备定期检验是保障其安全运行的重要手段，不同类型的特种设备有着明确规定的检验周期。以锅炉为例，外部检验一般每年进行一次，主要检查锅炉的外部部件，如炉墙、管道、阀门等是否存在泄漏、损坏等安全隐患；内部检验一般每 2 年进行一次，需要停炉后对锅炉内部的受压部件、受热面等进行全面检查，包括无损检测等项目；水压试验一般每 6 年进行一次，通过对锅炉施加一定压力的水，检验其承压部件的强度和密封性。压力容器的定期检验也有严格规定，固定式压力容器年度检查每年至少一次，全面检验一般应当于投用后 3 年内进行首次全面检验，下次的定期检验周期，由检验机构根据压力容器的安全状况等级确定，安全状况等级为 1 级、2 级的，一般每 6 年一次；安全状况等级为 3 级的，一般 3–6 年一次；安全状况等级为 4 级的，其检验周期由检验机构确定；安全状况等级为 5 级的，应当对缺陷进行处理，否则不得继续使用。

安全附件和附属仪器仪表的校验同样不可或缺，它们对于保障特种设备的安全运行起着关键作用。安全阀是特种设备的重要安全保护装置，在压力超过设定值时自动开启泄压，防止设备超压运行。固定式压力容器用安全阀每年至少校验一次，特殊情况按相应的技术规范规定执行；对于弹簧直接载荷式安全阀，当满足所规定的条件时，可延长校验周期为3年或5年。工业管道用安全阀和锅炉用安全阀也有类似的校验要求。压力表用于显示设备内部的压力，每年至少校验一次，以确保其测量的准确性。爆破片作为一种一次性的压力泄放装置，每年至少校验一次。此外，限速器、防坠安全器等安全保护装置也需按照规定的周期进行校验。

（四）设备操作与人员资质

特种设备操作人员需取得相应资格是保障设备安全运行的基本要求。操作人员必须经过专业培训，掌握特种设备的操作技能、安全知识以及应急处理方法。培训内容涵盖设备的结构原理、操作规程、安全注意事项、事故案例分析等方面。培训结束后，操作人员需参加由特种设备安全监督管理部门组织的考试，考试合格后取得国家统一格式的特种设备作业人员证书，方可上岗操作。

生产、经营、使用单位对人员安全教育和技能培训负有不可推卸的责任。单位应建立健全人员培训制度，制订详细的培训计划，定期组织操作人员参加培训和考核。通过开展安全教育活动，如安全知识讲座、安全演练等，提高操作人员的安全意识和自我保护能力。同时，根据设备的更新换代和技术发展，及时对操作人员进行新知识、新技术的培训，使其能够熟练操作新型设备。此外，单位还应加强对操作人员的日常管理，建立人员档案，记录其培训、考核、操作等情况，对违规操作的人员进行严肃处理。

（五）设备状态变更管理

特种设备在使用过程中，可能会出现停用、注销、报废、移装、改造等状态变更情况，每种情况都有相应的办理手续和注意事项。

当特种设备需要停用时，使用单位应当在停用前向特种设备安全监督管理部门办理停用手续，填写特种设备停用报废注销登记表。停用期间，设备应妥善保管，做好防护措施，防止设备损坏和丢失。

对于不再使用或达到报废条件的特种设备，使用单位应及时办理注销手续。使用单位需向特种设备安全监督管理部门提交特种设备停用报废注销登记表、原使用登记证和使用登记表等材料。监管部门审核通过后，将对设备进行注销，并在系统中标记为已注销状态。特种设备达到报废条件的，必须及时报废，严禁继续使用。报废的特种设备应按照国家有关规定进行处理，如拆除、解体等，防止其流入非法渠道。

如果特种设备需要移装，使用单位应当在移装前向原登记机关办理注销手续，并向移装地登记机关申请办理使用登记。移装过程中，需确保设备的安全，采取必要的防护措施，防止设备损坏。移装完成后，使用单位应及时向移装地特种设备检验检测机构申请检验，检验合格后，持相关材料到移装地登记机关办理使用登记手续。

特种设备的改造是指改变原设备的结构、性能、参数等，以满足新的使用要求。改造前，使用单位应委托具有相应资质的单位进行改造设计和施工。改造单位需制定详细的改造方案，包括改造的内容、方法、技术要求等，并经原设计单位或者具有相应资质的设计单位同意。改造过程中，应严格按照改造方案进行施工，以确保改造质量。改造完成后，使用单位应向特种设备检验检测机构申请监督检验，检验合格后，持改造质量证明资料及改造监检证书等材料到特种设备安全监督管理部门办理使用登记变更手续，更新设备的相关信息。

二、建立健全安全管理体系

（一）技术档案管理

特种设备技术档案是设备全生命周期管理的重要依据，其完整性和准确性对于设备的安全运行、维护保养以及事故调查等具有关键作用。技术档案应涵盖设备从购置到报废的各个环节的详细信息，包括设备出厂合格证、安装改造资料、检验报告等。

设备出厂合格证是设备符合相关标准和技术要求的证明文件，包含设备的型号、规格、主要技术参数、生产日期、生产厂家等基本信息。这些信息是了解设备原始性能和质量的重要依据，对于设备的安装调试、使用操作以及后续的维护保养都具有指导意义。

安装改造资料记录了设备安装和改造的过程和结果，包括安装验收报告、改造方案、改造施工记录、改造监督检验报告等。安装验收报告详细记录了设备安装后的各项性能指标和验收情况，是设备能否投入使用的重要依据。改造方案则明确了设备改造的目的、内容、方法和技术要求等，以确保改造工作的科学性和合理性。改造施工记录和改造监督检验报告则对改造过程进行了详细记录和监督检验，以保证改造工作符合相关标准和规范。

检验报告是对设备安全状况的定期评估，包括定期检验报告、监督检验报告、型式试验报告等。定期检验报告是设备在使用过程中按照规定的检验周期进行检验后出具的报告，主要检查设备的本体结构、安全附件、运行性能等是否符合要求，及时发现设备存在的安全隐患。监督检验报告是在设备安装、改造、重大维修过程中，由检验检测机构对施工过程进行监督检验后出具的报告，以确保施工质量符合安全技术规范。型式试验报告是对新产品、新部件或者新材料进行型式试验后出具的报告，主要是为了验证其是否符合相关标准和技术要求。

（二）制度管理档案建设

制度管理档案是特种设备安全管理的重要保障，涵盖安全管理机构、安全管理制度、操作规程、应急预案等多个方面。

安全管理机构是特种设备安全管理的组织保障，明确了各部门和人员在安全管理中的职责和权限。其档案应包括机构设置文件、人员任命文件、岗位职责说明书等。机构设置文件明确了安全管理部门的隶属关系、人员编制等，人员任命文件确定了安全管理人员的职责和任期，岗位职责说明书详细规定了每个岗位的工作内容和安全责任，这些文件构成了安全管理机构的档案，为安全管理工作的顺利开展提供了组织依据。

安全管理制度是规范特种设备使用单位安全管理行为的准则，包括设备采购、安装、使用、维护、报废等各个环节的管理制度。设备使用管理制度明确了设备的操作规程、日常检查要求、维护保养周期等，以保证设备在使用过程中的安全。安全管理制度的档案应包括制度文本、修订记录、执行情况检查记录等，通过对制度的不断完善和有效执行，提高安全管理水平。

操作规程是指导操作人员正确操作特种设备的详细说明，应根据设备的类型、特点和使用要求制定。操作规程的档案应包括操作规程文本、培训记录、操作人员签字确认记录等，以确保操作人员熟悉并严格按照操作规程进行操作。

应急预案是应对特种设备突发事故的行动指南，包括应急组织机构、应急响应程序、应急救援措施、应急物资储备等内容。应急预案的档案应包括预案文本、演练记录、修订记录等，通过定期演练和修订，提高应急预案的科学性和有效性，以确保在事故发生时能够迅速、有效地进行救援，进而减少人员伤亡和财产损失。

（三）检验检测档案管理

检验检测档案记录了特种设备的检验检测情况，对于设备的安全运行和监管具有重要意义，主要包括设备台账、安全附件台账、定期检验报告等。

设备台账是特种设备的基本信息汇总，记录了设备的名称、型号、规格、注册登记号、使用单位、安装地点、投入使用时间等信息。通过设备台账，使用单位和监管部门可以全面了解设备的基本情况，便于对设备进行统一管理和监督。设备台账还可以为设备的更新换代、维护保养等提供决策依据。

安全附件台账详细记录了特种设备安全附件的相关信息，如安全阀、压力表、爆破片等的型号、规格、安装位置、校验周期、校验日期、下次校验日期等。安全附件是保障特种设备安全运行的重要装置，其性能的可靠性直接关系设备的安全。通过安全附件台账，使用单位可以及时掌握安全附件的校验情况，以确保安全附件在有效期内正常运行。

定期检验报告是检验检测机构对特种设备进行定期检验后出具的报告，详细记录了设备的检验项目、检验结果、安全状况等级等信息。定期检验报告是判断设备是否符合安全运行要求的重要依据，使用单位应根据报告中的建议及时对设备进行维护保养或维修改造。监管部门也可以通过定期检验报告对设备的安全状况进行监督检查，对存在安全隐患的设备及时下达整改通知，督促使用单位进行整改。

（四）人员管理档案完善

人员管理档案是特种设备安全管理中不可或缺的部分，关乎设备操作和管理的专业性与规范性，主要包括作业人员台账、作业人员证、安全教育培训记录等。

作业人员台账记录了特种设备作业人员的基本信息，如姓名、性别、年龄、身份证号码、所在部门、作业类别、作业项目、取证时间、证书有效期等。通过作业人员台账，使用单位可以全面掌握作业人员的情况，便于合理安排工作岗位和组织培训。同时，作业人员台账也可以为监管部门的检查提供便利，监管部门可以通过查阅台账，了解作业人员的持证情况和人员变动情况，对使用单位的人员管理工作进行监督。

作业人员证是特种设备作业人员具备相应操作资格的法定凭证，其档案应包括作业人员证的复印件、复审记录等。作业人员必须取得相应的作业人员证后，方可上岗作业。使用单位应定期对作业人员证进行审核，确保证书在有效期内，并及时组织作业人员参加复审培训和考试。作业人员证的档案管理有助于规范作业人员的操作行为，保障特种设备的安全运行。

安全教育培训记录详细记录了特种设备作业人员参加安全教育培训的情况，包括培训时间、培训地点、培训内容、培训讲师、参加培训人员签名等。安全教育培训是提高作业人员安全意识和操作技能的重要手段，使用单位应定期组织作业人员参加安全教育培训，并做好记录。通过安全教育培训记录，使用单位可以了解作业人员的培训情况，评估培训效果，为进一步改进培训工作提供依据。同时，监管部门在检查时，也可以通过查阅安全教育培训记录，了解使用单位对作业人员的培训情况，督促使用单位加强人员培训工作。

第二节　特种设备安全监管及评价

一、安全监管的主体与职责

在特种设备安全监管体系中，市场监督管理部门肩负着核心职责，是保障特种设备安全运行的关键力量。《中华人民共和国特种设备安全法》（以下简称特种设备安全法）明确规定，国务院负责特种设备安全监督管理的部门对全国特种设备安全实施监督管理，县级以上地方各级人民政府负责特种设备安全监督管理的部门对本行政区域内特种设备安全实施监督管理。这一规定从法律层面明确了市场监督管理部门在特种设备安全监管中的主导地位，确保了监管工作的权威性和有效性。

市场监督管理部门在特种设备安全监管中承担着多方面的重要职责。在行政许可方面，严格把控特种设备生产、经营、使用单位的准入门槛，对相关单位的资质进行审查和许可。在监督检查方面，定期或不定期地对特种设备的生产、安装、使用、维护等环节进行现场检查，及时发现和纠正存在的问题。通过查阅资料、实地察看设备运行状况、检查安全管理制度执行情况等方式，对特种设备的安全状况进行全面评估。对检查中发现的安全隐患，下达整改通知，要求相关单位限期整改，并对整改情况进行跟踪复查，以确保隐患得到彻底消除。在执法查处方面，对于违反特种设备安全法律法规的行为，依法进行严厉打击。对生产、销售、使用不合格特种设备的单位和个人，依法应给予行政处罚；构成犯罪的，依法追究刑事责任。通过严格执法，形成强大的威慑力，促使相关单位和个人自觉遵守法律法规，进而保障特种设备的安全运行。

不同层级的市场监督管理部门在特种设备安全监管中有着明确的分工，各自发挥着独特的作用。国家市场监督管理总局在全国特种设备安全监管中处于领导和统筹协调的地位，负责制定特种设备安全监管的政策、法规和标准，指导全国特种设备安全监管工作的开展。省级市场监督管理部门在辖区内承担着重要的监管职责，负责贯彻落实国家特种设备安全监管政策和法规，结合本地区实际情况，制定具体的实施细则和工作方案。对辖区内特种设备生产、经营、使用单位的资质进行审核和管理，组织开展特种设备安全监督检查和执法工作。同时，对辖区内特种设备检验检测机构进行监督管理，以确保检验检测工作的质量和公正性。市级和县级市场监督管理部门则直接面向特种设备生产、经营、使用单位，负责本行政区域内特种设备的日常监管工作。具体包括对特种设备使用单位的现场监督检查，督促使用单位落实安全主体责任，建立健全安全管理制度，加强设备的维护保养和定期检验；对特种设备安装、改造、维修施工过程进行监督检查，确保施工质量符合安全技术规范；受理特种设备安全投诉举报，及时进行调查处理，维护社会公众的合法权益。

二、安全监督检查的分类与实施

（一）常规监督检查

常规监督检查是特种设备安全监管的基础工作，具有全面性和周期性的特点，其计划制订应遵循严格的规范和程序。各地市场监督管理部门会依据当地特种设备的数量、分布、使用状况以及风险等级等因素，制订年度常规监督检查计划。

“双随机、一公开”是常规监督检查的重要实施方式，旨在提高检查的公正性和透明度。在检查对象的抽取方面，利用信息化系统从特种设备使用单位名录库中随机抽取。检查结束后，及时将检查结果通过政府网站、信用信息公示系统等渠道向社会公开，接受公众监督。公开的内容包括被检查单位的名称、检查时间、检查结果、存在的问题以及整改要求等，使社会公众能够及时了解特种设备使用单位的安全状况，以增强监管工作的公信力。

重点单位名录的确定有着明确的标准和依据。一般来说，使用特种设备数量较多的单位会被列入重点监管范围，因为设备数量多意味着安全管理的难度和风险相应增加。此外，曾经发生过特种设备安全事故的单位以及存在重大安全隐患的单位也会被纳入重点单位名录。对这些单位进行重点监管，有助于及时发现和消除安全隐患，防止事故的再次发生。

（二）专项监督检查

专项监督检查具有明确的针对性，主要适用于特定时期、特定设备或特定领域存在的突出安全问题。在重大节假日、重要活动期间，如春节、国庆节、奥运会、世博会等，人员流动和设备使用频繁，特种设备的安全风险显著增加。应针对这些特殊时期开展专项监督检查，重点检查人员密集场所的特种设备，如商场的电梯、旅游景区的客运索道和大型游乐设施等。通过加大检查力度，确保设备在特殊时期的安全运行，为公众提供安全的出行和娱乐环境。

针对特种设备的特定类型或特定领域开展专项监督检查也是常见的情况。重点检查电梯的安全保护装置是否有效、维护保养记录是否完整、作业人员是否持证上岗等。通过专项检查，及时发现和解决电梯存在的安全隐患，以提高电梯的安全运行水平。

工作方案的制定是专项监督检查有效实施的关键。方案应明确检查的目的、范围、内容、方法和时间安排等。在检查目的方面，要清晰阐述本次专项监督检查旨在解决的具体问题，如消除特定设备的安全隐患、规范特定领域的市场秩序等。检查范围应具体界定被检查的特种设备类型、使用单位范围以及地域范围。检查内容要根据检查目的和对象的特点，详细列出需要检查的项目和要点，如对锅炉专项监督检查，应包括锅炉的本体结构、安全附件、水质处理、运行记录等方面。检查方法应结合实际情况，选择合适的检查手段，如现场检查、资料审查、检测检验等。时间安排要合理规划检查的各个阶段，以确保检查工作有序进行。

在特定区域和领域的监管中，需要根据其特点制定相应的监管要点。对于化工园区等特种设备集中且风险较高的区域，要重点关注特种设备的定期检验情况、安全管理制度的执行情况以及应急救援预案的制定和演练情况。化工园区内的特种设备多为压力容器、压力管道等承压类设备，一旦发生事故，可能引发火灾、爆炸、中毒等严重后果。因此，要加强对这些设备的检验检测，确保其在安全状态下运行。同时，督促企业严格执行安全管理制度，加强对作业人员的培训和管理，以提高其安全意识和操作技能。此外，要求企业制定完善的应急救援预案，并定期组织演练，提高应对突发事件的能力。

（三）证后监督检查

证后监督检查主要针对特种设备生产、充装单位以及检验、检测机构，旨在确保其在取得相关许可后持续符合许可条件和安全技术规范要求。

对特种设备生产单位的监督检查，涵盖多个关键方面。在资源条件方面，检查其生产设备、检测手段、技术人员等是否满足生产许可的要求。质量保证体系的运行情况也是检查重点，包括质量管理制度的建立、执行和持续改进。生产单位应建立从原材料采购、生产过程控制到产品出厂检验等全过程的质量管理制度，并严格按照制度执行。检查人员会查阅相关记录，如原材料检验记录、生产过程中的质量检验记录、产品出厂检验报告等，以评估质量保证体系的有效性。生产单位的产品质量也是证后监督检查的重要内容，通过对产品的抽样检验、质量追溯等方式，确保产品符合相关标准和安全技术规范。

特种设备充装单位的证后监督检查，重点关注充装行为的合规性和设备的安全性。充装单位必须严格按照安全技术规范进行充装操作，严禁充装超期未检、翻新、改造、报废的气瓶等特种设备。检查人员会现场检查充装设备的运行状况，如充装秤的准确性、充装管道的密封性等，确保充装设备安全可靠。同时，查阅充装记录，核实充装单位是否如实记录充装的特种设备信息、充装时间、充装量等内容。此外，还会检查充装单位的安全管理制度和应急预案的制定及执行情况，要求充装单位定期组织应急演练，以提高应对突发事故的能力。

对于特种设备检验、检测机构，证后监督检查主要围绕检验、检测工作的质量和公正性展开。检验、检测机构必须具备相应的资质和能力，其检验、检测人员应取得相应的资格证书。检查人员会审查机构的资质证书、人员资格证书等，确保其合法有效。检验、检测工作的质量是监督检查的核心，包括检验、检测项目的完整性、方法的正确性、结果的准确性等。通过抽查检验、检测报告，核对原始记录，现场见证检验、检测过程等方式，对检验、检测工作质量进行评估。检验、检测机构还应保持工作的公正性，不得与被检验、检测单位存在利益关联，影响检验、检测结果的客观性。检查人员会调查机构与被检验、检测单位之间的业务往来和利益关系，以确保其检验、检测工作不受不正当因素的干扰。

（四）其他监督检查

除了上述主要的监督检查方式外，还有一些其他类型的监督检查，在特种设备安全监管中发挥着重要的补充作用。

针对投诉举报的检查是及时发现和处理特种设备安全问题的重要途径。当接到关于特种设备安全的投诉举报时，市场监督管理部门会迅速组织人员进行调查核实。投诉举报的内容可能涉及特种设备的违规使用、维护保养不到位、安全隐患等多个方面。市场监督管理部门接到举报后，会立即安排执法人员前往该小区进行检查。执法人员首先向举报人了解具体情况，然后对电梯进行现场检查，包括查看电梯的运行状况、安全保护装置是否有效、维护保养记录是否完整等。同时，询问电梯使用单位和维保单位的相关人员，了解电梯的日常管理和维护情况。根据检查结果，依法对存在问题的单位进行处理，如责令限期整改、给予行政处罚等，并将处理结果反馈给举报人。

对事故隐患线索的检查也是特种设备安全监管的重要环节。通过各种渠道获取的事故隐患线索，如群众反映、媒体曝光、上级交办等，市场监督管理部门会及时进行核查。一旦发现事故隐患，立即采取措施进行处理。

在日常监管中，还会根据实际情况开展一些临时性的监督检查。此外，当出现新的特种设备安全技术规范或政策法规时，也会开展针对性的监督检查，以确保相关单位及时了解并执行新的要求。

三、安全评价的方法与指标体系

（一）安全评价方法概述

特种设备安全评价方法众多，每种方法都有其独特的原理、适用范围和优缺点，在实际应用中需根据具体情况合理选择。

风险矩阵法是一种较为常用的定性与定量相结合的评价方法。它通过将事故发生的可能性和事故后果的严重性进行量化评估，构建风险矩阵图。在确定事故发生可能性时，需考虑设备的运行环境、维护保养状况、操作人员技能水平等因素，通常将其分为极低、低、中等、高、极高五个等级。事故后果的严重性则根据可能造成的人员伤亡、财产损失、环境影响等方面进行评估，同样划分为五个等级。通过风险矩阵图，可直观地确定设备的风险等级，为制定相应的安全管理措施提供依据。风险矩阵法具有操作简单、直观易懂的优点，能够快速对特种设备的安全风险进行初步评估。但它对事故发生可能性和后果严重性的评估主观性较强，且难以考虑多个因素之间的复杂相互作用。

故障树分析法（FTA）是一种从结果到原因的演绎推理分析方法。它以特种设备可能发生的故障或事故为顶事件，通过分析导致顶事件发生的各种直接和间接原因，构建故障树。在构建故障树时，需明确各事件之间的逻辑关系。通过对故障树的定性和定量分析，可以找出导致事故发生的最小割集和最小径集，计算出顶事件发生的概率。最小割集是导致顶事件发生的最少基本事件组合，反映了系统的薄弱环节；最小径集则是使顶事件不发生的最少基本事件组合，为制定安全措施提供了方向。故障树分析法能够深入分析事故的原因，揭示系统的潜在风险，为制定针对性的预防措施提供有力支持。然而，该方法对分析人员的专业知识和经验要求较高，构建故障树的过程较为复杂，且计算量大，在实际应用中受到一定限制。

层次分析法（AHP）是一种将与决策有关的元素分解成目标、准则、方案等层次，在此基础之上进行定性和定量分析的决策方法。在特种设备安全评价中，运用层次分析法可以将复杂的安全评价问题分解为多个层次，如目标层（特种设备安全状况评价）、准则层（设备状况、人员管理、安全管理等）和指标层（具体的评价指标）。通过建立判断矩阵，计算各层次元素的相对权重，从而确定各评价指标对目标的影响程度。判断矩阵的建立通常采用专家打分法，邀请相关领域的专家根据其专业知识和经验对各元素之间的相对重要性进行判断。层次分析法能够将定性和定量分析相结合，并充分考虑评价过程中的主观因素和客观因素，使评价结果更加科学合理。但该方法依赖于专家的主观判断，判断矩阵的一致性检验较为烦琐，且当评价指标较多时，权重的计算结果可能会出现偏差。

模糊综合评价法是一种基于模糊数学的综合评价方法。它通过建立模糊关系矩阵，将评价指标的模糊性进行量化处理，从而对特种设备的安全状况进行综合评价。在建立模糊关系矩阵时，需要确定评价指标的隶属度函数，根据评价指标的实际值确定其在不同评价等级上的隶属度。结合各评价指标的权重，通过模糊合成运算得到特种设备的综合评价结果。模糊综合评价法能够较好地处理评价过程中的模糊性和不确定性问题，适用于对特种设备安全状况进行综合评价。但该方法对隶属度函数的选择较为敏感，不同的隶属度函数可能会导致评价结果的差异。

（二）评价指标体系构建

构建科学合理的特种设备安全评价指标体系，需遵循一系列原则，以确保评价结果的准确性、可靠性和有效性。

全面性原则要求评价指标体系应涵盖影响特种设备安全的各个方面，包括设备本体、人员因素、管理因素、环境因素以及社会因素等。设备本体方面，应考虑设备的设计合理性、制造质量、运行状况、维护保养情况等；人员因素包括操作人员的资质、技能水平、安全意识等；管理因素涵盖安全管理制度的完善程度、执行情况、应急管理能力等；环境因素涉及设备的运行环境，如温度、湿度、腐蚀性等；社会因素则包括社会舆论、法律法规等对特种设备安全的影响。只有全面考虑这些因素，才能对特种设备的安全状况进行全面、准确的评价。

科学性原则强调评价指标的选取和权重的确定应基于科学的理论和方法，具有明确的物理意义和实际可操作性。评价指标应能够客观地反映特种设备的安全状况，避免主观随意性。权重的确定应采用科学的方法，如层次分析法、主成分分析法等，以确保各评价指标在综合评价中所占的比重合理。同时，评价指标体系应具有一定的理论基础，能够经得起实践的检验。

可操作性原则要求评价指标的数据易于获取，评价方法简单易行，便于实际应用。评价指标应能够通过现有的监测手段、统计数据或实际调查等方式获取数据。评价方法应避免过于复杂的计算和分析过程，以提高评价工作的效率和可操作性。

独立性原则要求各评价指标之间应相互独立，避免指标之间存在重复或包含关系。如果评价指标之间存在相关性，可能会导致评价结果的偏差。在构建评价指标体系时，需要对各评价指标进行筛选和分析，确保它们之间相互独立，能够从不同角度反映特种设备的安全状况。

动态性原则考虑到特种设备的安全状况会随着时间、设备运行状况、管理措施等因素的变化而发生变化，评价指标体系应具有动态性，能够及时反映这些变化。应根据特种设备的实际运行情况和安全管理的需要，适时调整评价指标和权重，确保评价指标体系的时效性和适应性。

特种设备安全评价指标体系通常包括设备状况、管理水平、人员素质、环境因素等多个方面的具体指标。

设备状况指标是评价特种设备安全状况的重要基础，包括设备的设计合理性、制造质量、运行状况、维护保养情况等。设备的设计压力、温度、容积等参数应符合实际使用要求，且设计应考虑到设备的安全性、可靠性和可维护性。制造质量可通过设备的出厂检验报告、质量认证证书等进行评估，确保设备在制造过程中符合相关标准和规范。运行状况指标包括设备的运行时间、运行参数、故障次数等，通过对这些指标的监测和分析，可以了解设备的运行稳定性和可靠性。维护保养情况反映了设备的日常维护和定期保养工作是否到位，包括维护保养计划的制订和执行情况、维护保养记录的完整性等。

管理水平指标体现了特种设备使用单位的安全管理能力和水平，包括安全管理制度的完善程度、执行情况、应急管理能力等。安全管理制度应涵盖设备的采购、安装、使用、维护、报废等各个环节，明确各部门和人员的安全职责。制度的执行情况可通过检查相关记录、询问操作人员等方式进行评估，确保制度得到有效落实。应急管理能力包括应急预案的制定、演练情况以及应急救援物资的储备情况等，在事故发生时能够迅速、有效地进行应急救援，减少事故损失。

人员素质指标反映了特种设备操作人员和管理人员的专业素质和安全意识，包括操作人员的资质、技能水平、安全培训情况等。操作人员必须取得相应的资质证书，具备熟练的操作技能和应急处理能力。安全培训情况可通过培训记录、考核成绩等进行评估，以确保操作人员和管理人员不断提高安全意识和专业素质。

环境因素指标考虑了设备运行环境对特种设备安全的影响，包括温度、湿度、腐蚀性等。高温、高湿环境可能会加速设备的腐蚀和老化，腐蚀性环境可能会导致设备的损坏和泄漏。通过对环境因素的监测和评估，可以采取相应的防护措施，以确保设备在安全的环境中运行。

社会因素指标体现了社会舆论、法律法规等对特种设备安全的影响，包括社会关注度、法律法规的执行情况等。社会关注度高的特种设备安全事件可能会促使相关部门加强监管，推动企业提高安全管理水平。法律法规的执行情况反映了特种设备生产、经营、使用单位是否遵守相关法律法规，依法开展各项活动。

第三节　特种设备检验及事故处理

一、特种设备检验的类型与流程

（一）监督检验

特种设备的监督检验是在设备安装、改造、修理过程中实施的一项重要的强制性法定检验，旨在确保这些过程符合安全技术规范要求，从源头保障特种设备的安全性能。其检验依据主要包括特种设备安全法以及国务院特种设备安全监督管理部门发布的一系列安全技术规范。特种设备安全法第二十五条明确规定，锅炉、压力容器、压力管道元件等特种设备的制造过程，以及这些设备的安装、改造、重大修理过程，必须经负责特种设备安全监督管理的部门核准的检验机构按照安全技术规范的要求进行监督检验；未经监督检验合格的不得出厂或者交付使用。

在锅炉安装过程的监督检验中，检验机构会对安装单位的资质进行严格审查，以确保其具备相应的安装能力和技术水平。在管道连接检验时，会检查焊接工艺是否符合标准，焊缝的质量是否合格，通过无损检测等手段对焊缝进行探伤，确保焊接质量可靠。对于安全附件，如安全阀、压力表等，会检查其选型是否正确，安装是否符合要求，以及是否经过校验合格。同时，检验机构还会审查安装单位的质量管理体系运行情况，查看相关的安装记录、检验报告等资料，确保安装过程的质量控制和管理符合规范。

压力容器改造的监督检验同样严格，改造方案的审查是关键环节之一。检验机构会组织相关专家对改造方案进行论证，评估改造的可行性和安全性。在改造过程中，对涉及安全性能的关键项目进行重点检验，如容器的焊接接头、受压元件的加工精度等。对于使用的材料，会检查其质量证明文件，确保材料的性能符合要求。同时，监督改造单位要严格按照改造方案进行施工，对施工过程中的质量问题及时提出整改意见，督促改造单位落实整改。

起重机械修理的监督检验也不容忽视，检验机构会对修理单位的资质和修理人员的资格进行核查。对于电气系统的修理，会检查电气线路的连接是否牢固，绝缘性能是否良好，保护装置是否有效。同时，对修理后的起重机械进行空载、静载、动载试验，检验其性能是否符合相关标准和规范。

（二）定期检验

特种设备的定期检验是保障其长期安全运行的重要手段，不同类型的特种设备有着明确规定的检验周期。以电梯为例，根据相关规定，电梯的定期检验周期为一年。在检验项目方面，涵盖了多个关键领域。在设备外观方面，检查电梯轿厢、层门、门套等部件是否有损坏、变形、锈蚀等情况，确保外观完好，无影响安全运行的缺陷。安全保护装置的检验是重点，如限速器、安全钳、缓冲器等。限速器是电梯的重要安全部件，其动作速度直接关系到电梯在超速情况下的安全制动。检验时，使用专业的检测设备对限速器的动作速度进行校验，以确保其在规定的速度范围内动作可靠。安全钳是与限速器联动的安全装置，在限速器动作时，安全钳会迅速夹紧导轨，使电梯轿厢停止运行。检验人员会检查安全钳的钳块与导轨的间隙是否符合要求，钳块的磨损情况是否在允许范围内，以及安全钳的动作是否灵活可靠。缓冲器用于在电梯轿厢发生坠落时起到缓冲作用，减少冲击力对轿厢和乘客的伤害。检验时，会检查缓冲器的类型是否符合电梯的设计要求，缓冲器的压缩行程是否正常，以及缓冲器的复位功能是否良好。

锅炉的定期检验包括外部检验、内部检验和水压试验。外部检验一般每年进行一次，主要检查锅炉的外部部件，如炉墙、管道、阀门、仪表等是否存在泄漏、损坏、腐蚀等安全隐患。检验人员会对炉墙进行外观检查，查看是否有裂缝、脱落等情况，检查管道的保温层是否完好，阀门的开关是否灵活，仪表的显示是否准确。内部检验一般每 2 年进行一次，需要停炉后对锅炉内部的受压部件、受热面等进行全面检查。通过无损检测等手段，对锅炉的锅筒、集箱、受热面管等部件进行探伤，检查是否存在裂纹、腐蚀、磨损等缺陷。同时，检查内部的支撑结构、汽水分离装置等是否完好，确保锅炉内部的结构安全可靠。水压试验一般每6年进行一次，通过向锅炉内充满水并施加一定压力，检验锅炉受压部件的强度和密封性。在水压试验前，会对锅炉进行全面检查，以确保具备试验条件。试验过程中，严格按照规定的压力和时间进行操作，观察受压部件是否有泄漏、变形等异常情况。

压力容器的定期检验也有明确规定，固定式压力容器年度检查每年至少一次，全面检验一般应当于投用后3年内进行首次全面检验，下次的定期检验周期，由检验机构根据压力容器的安全状况等级确定。年度检查主要以宏观检查为主，检查压力容器的本体、安全附件、运行状况等。全面检验则更为全面，除了宏观检查外，还包括无损检测、理化检验、强度校核等项目。通过无损检测，如超声检测、射线检测等，检查压力容器的焊缝和受压部件是否存在缺陷。理化检验则对材料的化学成分、力学性能等进行检测，以确保材料的质量符合要求。强度校核根据压力容器的设计参数和实际使用情况，对其强度进行计算和评估，判断是否满足安全运行要求。

特种设备定期检验的流程规范且严谨。使用单位在安全检验合格有效期届满前一个月，需向特种设备检验检测机构提出定期检验要求。检验完成后，检验检测机构会出具检验报告，对设备的安全状况进行评价，并提出整改建议。如果设备存在安全隐患，使用单位应按照整改建议及时进行整改，并在整改完成后向检验检测机构申请复查。只有检验合格的特种设备，才能继续投入使用。

（三）型式试验和无损检测

型式试验是对特种设备新产品、新部件或者新材料进行的全面性能验证试验，其目的在于验证这些新产品、新部件或新材料是否符合相关标准和技术要求，为其投入生产和使用提供科学依据。以新型电梯为例，在推向市场之前，需要进行型式试验。试验内容包括电梯的运行性能、安全性能、可靠性等多个方面。在运行性能方面，测试电梯的速度、加速度、平层精度等指标，以确保电梯运行平稳、舒适。安全性能测试则重点关注电梯的各种安全保护装置，如门锁装置、轿厢上行超速保护装置等，验证其在各种工况下的有效性和可靠性。可靠性试验通过模拟电梯的长期运行，测试其关键部件的使用寿命和故障率，评估电梯的整体可靠性。

无损检测是在不损坏被检测对象的前提下，对特种设备的内部结构、缺陷等进行检测的技术，具有不破坏设备、检测效率高、检测结果准确等优点，在特种设备检验中应用广泛。常见的无损检测方法有超声检测、射线检测、磁粉检测、渗透检测等，每种方法都有其适用范围。超声检测适用于检测特种设备内部的缺陷，锅炉、压力容器、压力管道等的焊缝和内部结构中的裂纹、气孔、夹渣等缺陷。其原理是利用超声波在不同介质中的传播特性，当超声波遇到缺陷时，会发生反射、折射和散射等现象，通过接收和分析这些信号，来判断缺陷的位置、大小和形状。

射线检测主要用于检测特种设备的内部缺陷，尤其是对体积型缺陷，如气孔、夹渣等的检测效果较好。其原理是利用射线穿透被检测物体，由于缺陷和基体对射线的吸收程度不同，在射线底片上会形成不同的影像，通过观察底片上的影像来判断缺陷的情况。

磁粉检测适用于检测铁磁性材料表面和近表面的缺陷，如起重机械的吊钩、钢丝绳等部件的表面裂纹。其原理是利用铁磁性材料在磁场中被磁化后，表面和近表面的缺陷会产生漏磁场，通过施加磁粉，磁粉会在漏磁场处聚集，从而显示出缺陷的位置和形状。

渗透检测主要用于检测特种设备表面开口的缺陷，如电梯导轨、轿厢等部件的表面裂纹。其原理是利用液体的渗透作用，将含有色染料或荧光剂的渗透液涂覆在被检测物体表面，渗透液会渗入表面开口的缺陷中，然后去除表面多余的渗透液，再施加显像剂，使渗入缺陷中的渗透液被吸附到表面，从而显示出缺陷的位置和形状。

二、事故原因分析

（一）设备设计与制造缺陷

设备设计不符合标准以及制造过程中存在缺陷是导致特种设备事故的重要

根源之一。在设计阶段，若未能充分考虑设备的使用环境、工况条件以及可能出现的各种风险因素，将会埋下严重的安全隐患。

制造过程中的缺陷同样不容忽视。材料质量不合格是常见问题之一，一些生产厂家为了降低成本，选用不符合标准的材料进行制造。此外，制造工艺不规范，如加工精度不够、装配不当等，也会影响设备的正常运行和安全性能。

（二）设备老化与磨损

设备使用时间过长以及部件老化磨损是引发特种设备事故的常见原因。随着设备使用年限的增加，其各项性能逐渐下降，部件的磨损、腐蚀、疲劳等问题日益严重。以锅炉为例，长期在高温、高压环境下运行，受热面会受到高温腐蚀、磨损，导致壁厚减薄，强度降低。当壁厚减薄到一定程度时，在压力作用下就可能发生爆管事故。据统计，使用年限超过 10 年的锅炉，爆管事故的发生率明显高于使用年限较短的锅炉。

压力容器的老化磨损问题也较为突出，如容器内部的介质对容器壁的腐蚀，会使容器壁变薄、强度下降。此外，频繁的压力变化和温度波动会导致容器材料的疲劳损伤，降低容器的使用寿命。如某化工企业的一台压力容器，由于长期使用且维护保养不到位，容器壁严重腐蚀，在一次压力试验中发生破裂，造成有毒气体泄漏，对周边环境和人员造成了严重危害。

电梯的部件老化磨损同样会影响其安全运行。如钢丝绳是电梯的重要承载部件，长期使用后会出现磨损、断丝等情况，降低其承载能力。当钢丝绳的磨损程度超过规定标准时，就可能发生断裂，导致电梯轿厢坠落。此外，电梯的导轨、导靴、门系统等部件的老化磨损，也会影响电梯的运行稳定性和安全性。

（三）操作不当与违规行为

操作人员不熟悉规程以及违章操作等人为因素是引发特种设备事故的主要原因之一。操作人员对特种设备的操作规程不熟悉，缺乏必要的安全知识和操作技能，在操作过程中容易出现错误操作，从而引发事故。

违章操作也是导致特种设备事故的重要因素。一些操作人员为了追求工作效率或其他原因，违反操作规程进行操作。此外，在特种设备运行过程中，操作人员擅自离开工作岗位，导致设备无人监控，也是常见的违章行为之一。

（四）维护不足与管理缺失

设备日常维护保养不足以及管理制度不完善等管理方面的问题是导致特种设备事故的重要因素。设备的日常维护保养是确保其安全运行的关键环节，然而，一些使用单位对设备的维护保养重视不够，未能按照规定的周期和要求进行维护保养。

管理制度不完善也是导致特种设备事故的重要原因之一。一些使用单位的安全管理制度不健全，缺乏明确的安全责任制度、操作规程和应急预案等。在发生事故时，无法及时有效地进行应急救援，导致事故损失扩大。此外，一些使用单位对特种设备的安全管理重视不够，安全管理人员配备不足，且专业素质不高，无法有效地对设备进行安全管理和监督检查。

三、事故应急处理

（一）应急预案的制定与实施

特种设备事故应急预案是应对特种设备突发事故的关键文件，其内容涵盖多个重要方面。在应急组织机构设置上，明确成立应急指挥中心、救援行动组、技术支持组、后勤保障组等。应急指挥中心负责全面指挥和协调应急救援工作，制定救援决策和方案。救援行动组主要承担现场救援任务，包括人员搜救、设备抢险等。技术支持组由特种设备领域的专家组成，为救援工作提供技术指导和支持，分析事故原因，评估事故风险。后勤保障组负责保障救援物资的供应、设备的维护以及人员的生活保障等。

应急响应程序是应急预案的核心部分，规定了事故发生后的一系列响应步骤。事故发生后，现场人员应立即向单位负责人报告，单位负责人接到报告后，应在规定时间内（如 1 小时内）向当地特种设备安全监督管理部门和相关部门报告。同时，启动应急救援预案，组织救援力量赶赴事故现场。在现场救援过程中，救援人员应根据事故的性质和特点，采取相应的救援措施。

应急救援措施应根据不同类型的特种设备事故进行针对性制定。对于电梯事故，若发生人员被困，救援人员应迅速到达现场，通过对讲机等设备与被困人员保持联系，安抚被困人员的情绪。同时，应根据电梯的类型和故障情况，采取相应的救援方法，如通过手动盘车将电梯轿厢移动到平层位置，打开电梯门解救被困人员。对于压力容器泄漏事故，应立即切断泄漏源，采取堵漏措施，防止泄漏扩大。如果泄漏的是有毒有害气体，还应组织周边人员疏散，设置警戒区域，并使用相应的检测设备对现场气体浓度进行监测，采取通风等措施降低气体浓度。

在应急预案的实施过程中，组织演练是提高应急救援能力的重要手段。演练的组织方式应多样化，包括桌面演练、实战演练等。桌面演练主要通过模拟事故场景，组织相关人员进行讨论和分析，检验应急预案的可行性和有效性。实战演练则是在实际场景中进行演练，模拟真实的事故情况，让救援人员在实战中提高应对能力。

（二）应急资源的配置与调用

应急资源的合理配置是保障特种设备事故应急救援工作顺利进行的重要基础，涵盖应急设备、救援队伍、医疗资源等多个方面。

应急设备的配置应根据特种设备的类型和可能发生的事故特点进行。对于电梯事故，应配备电梯救援工具，如手动盘车装置、电梯层门开锁装置、对讲机等。手动盘车装置用于在电梯故障时，通过手动操作使电梯轿厢移动到平层位置，方便解救被困人员。电梯层门开锁装置用于在紧急情况下打开电梯层门。对讲机则用于救援人员与被困人员之间的沟通。对于锅炉事故，应配备灭火设备，如干粉灭火器、二氧化碳灭火器等，以及抢险工具，如防爆工具、堵漏工具等。干粉灭火器适用于扑救可燃固体、可燃液体、可燃气体和电气设备的火灾。二氧化碳灭火器适用于扑救贵重设备、档案资料、仪器仪表、600 伏以下电气设备及油类的初起火灾。防爆工具和堵漏工具则用于在锅炉发生泄漏等事故时，进行抢险和堵漏工作。

救援队伍的组建应注重专业性和综合性。专业救援队伍应由具备特种设备相关专业知识和技能的人员组成，他们熟悉特种设备的结构、原理和操作规程，能够在事故发生时迅速采取有效的救援措施。

医疗资源的储备也是应急资源配置的重要内容。应与当地的医疗机构建立合作关系，以确保在事故发生时能够及时调配医疗资源。储备必要的急救药品和医疗器械，如止血药、止痛药、担架、氧气瓶等。止血药用于在伤员出血时进行止血，止痛药用于缓解伤员的疼痛，担架用于搬运伤员，氧气瓶用于给呼吸困难的伤员提供氧气。同时，对医疗人员进行特种设备事故急救知识和技能的培训，提高他们应对特种设备事故伤员救治的能力。

应急资源的快速调用机制是确保应急救援工作高效开展的关键。建立应急资源信息库，详细记录应急设备、救援队伍、医疗资源等的相关信息，包括设备的种类、数量、存放地点、救援队伍的人员构成、联系方式，医疗资源的储备情况等。当事故发生时，能够通过应急资源信息库迅速查询和调配所需的应急资源。

（三）应急演练与效果评估

应急演练的目的在于通过模拟真实的特种设备事故场景，全面检验和提升应急救援能力，确保在事故发生时能够迅速、有效地开展救援工作。通过演练，可以检验应急预案的科学性和可行性，发现预案中存在的问题和不足，及时进行修订和完善。

应急演练的组织方式多种多样，可根据实际情况选择合适的方式。桌面演练是一种较为常见的方式，通过模拟事故场景，组织相关人员进行讨论和分析，研究应急救援的策略和方法。此外，还可以结合虚拟现实技术、多媒体技术等，开展模拟演练，使演练更加逼真，以提高演练的效果。

对演练效果的评估是应急演练的重要环节，通过评估可以总结经验教训，发现问题，为改进应急救援工作提供依据。评估内容包括演练方案的合理性、救援人员的表现、应急设备的可用性、应急响应的及时性等方面。演练方案的合理性评估主要考察演练方案是否符合实际情况，是否能够有效检验应急预案的各项内容。

根据评估结果，应及时提出改进措施，不断完善应急救援体系。对于演练中发现的问题，如应急预案存在漏洞、救援人员技能不足、应急设备老化等，要采取针对性的改进措施。

四、事故调查与处理

（一）事故报告与调查组成立

特种设备事故发生后，及时、准确地报告是事故处理的首要环节，其报告程序有着严格的规定。事故发生单位应当立即向事故发生地的县级以上市场监督管理部门和有关部门报告。

接到事故报告后，市场监督管理部门会迅速启动事故调查程序，成立事故调查组。事故调查组的组成应遵循严格的规定，通常由市场监督管理部门牵头，会同有关部门，如应急管理部门、公安部门、监察机关、工会等组成。对于较大事故，一般由设区的市级市场监督管理部门会同有关部门组织事故调查组进行调查；重大事故则由省级市场监督管理部门会同有关部门组织事故调查组进行调查；特别重大事故由国务院或者国务院授权的有关部门组织事故调查组进行调查。

（二）现场勘查与人员询问

事故现场勘查是查明事故原因的关键环节，其要点涵盖多个方面。在设备损坏情况勘查方面，仔细检查特种设备的本体结构、安全附件、附属设施等的损坏程度和状态。

现场痕迹和物证收集也是勘查的重要内容。收集与事故相关的各种痕迹，如爆炸产生的冲击波痕迹、火灾留下的燃烧痕迹、设备碰撞留下的擦痕等。

对相关人员的询问是获取事故信息的重要途径，询问方法和要点至关重要。询问对象包括事故发生时的操作人员、现场管理人员、设备维护人员等。在询问操作人员时，了解事故发生前设备的运行状况，如设备的各项参数是否正常，是否出现异常声响、振动、异味等情况。

（三）责任认定与处理措施

事故责任的认定依据主要包括相关法律法规、安全技术规范以及事故调查的结果。在认定过程中，全面分析事故发生的原因，明确事故责任主体。根据特种设备安全法以及相关安全技术规范的规定，设备制造单位、使用单位和操作人员都应承担相应的责任。

针对不同的责任主体，会采取相应的行政处罚措施。对于特种设备生产单位，若其生产的设备不符合安全技术规范要求，可责令停止生产，没收违法生产的特种设备，并处以罚款。对于检验、检测机构，如果出具虚假的检验、检测报告，可责令改正，没收违法所得，并处以罚款，情节严重的，吊销其检验、检测资质。

经济赔偿是事故处理的重要环节，旨在对事故造成的人员伤亡和财产损失进行补偿。根据事故的责任认定，责任主体需要依法承担相应的赔偿责任。对受伤人员进行赔偿，包括医疗费、误工费、护理费、残疾赔偿金等。同时，对受损的财产进行赔偿，如损坏的设备、建筑物等，赔偿金额应根据具体的损失情况和相关法律法规的规定进行计算。

在事故处理中，如果事故责任主体的行为构成犯罪，将依法追究其刑事责任。

（四）处理结果评估与反馈

对事故处理结果的评估是不断完善事故处理工作的重要环节，其内容包括多个方面。事故原因分析的准确性评估，检查事故调查组对事故原因的分析是否全面、深入，是否准确找出导致事故发生的直接原因和间接原因。责任认定的公正性评估，审查事故责任认定是否依据充分，是否公平合理地划分各责任主体的责任。

处理措施的有效性评估，考察对事故责任主体采取的行政处罚、经济赔偿、刑事责任追究等处理措施是否得到有效执行，是否达到了预期的处理效果。同时，对事故预防措施的落实情况进行评估，检查相关单位是否按照要求采取了改进措施，如加强设备维护保养、完善安全管理制度、加强人员培训等。

反馈机制的建立对于不断完善事故处理工作至关重要。建立与事故相关方的沟通渠道，及时向事故发生单位、受害方等反馈事故处理的进展和结果。收集事故相关方对处理结果的意见和建议，对于合理的意见和建议，及时进行采纳和改进。

第三章　起重设备安全检验与管理

第一节　起重设备概述

一、工作原理与基本机构

起重设备的工作原理基于力学中的杠杆、滑轮、液压等原理，通过动力装置将电能、机械能或液压能转化为起重设备各机构的运动，从而实现重物的起升、下降、水平移动等操作。以常见的桥式起重机为例，其工作原理是利用桥架在车间上方的轨道上纵向运行，起重小车在桥架的轨道上横向运行，起升机构则通过卷筒缠绕钢丝绳来提升或下放重物，通过这三个机构的协同运动，实现重物在一定空间范围内的搬运。

各类起重设备通常都具备起升机构，这是实现物料垂直升降的核心机构，也是任何起重机不可或缺的部分。起升机构主要由驱动装置、卷筒、钢丝绳、滑轮组和吊钩等部件组成。驱动装置一般为电动机，通过联轴器与减速器相连，减速器输出轴带动卷筒转动。卷筒上缠绕着钢丝绳，钢丝绳的一端固定在卷筒上，另一端绕过滑轮组与吊钩相连。当电动机正转时，卷筒收绳，吊钩上升，实现重物的起升；当电动机反转时，卷筒放绳，吊钩下降，实现重物的下降。

除起升机构外，部分起重设备还具有运行、变幅、回转等专用工作机构。运行机构用于实现起重机或起重小车的水平移动，有无轨运行和有轨运行之分。桥式起重机、门式起重机等通常采用有轨运行，通过车轮在轨道上滚动来实现水平移动；汽车起重机、轮胎式起重机等则采用无轨运行，通过轮胎在地面上行驶来实现水平移动。运行机构的驱动方式有自行式和牵引式两种，自行式运行机构通常由电动机、减速器、制动器和车轮等组成，电动机提供动力，通过减速器降低转速并增大扭矩，再通过车轮驱动起重机或起重小车运行；牵引式运行机构则由牵引车拖动起重机或起重小车运行。

变幅机构是臂架类型起重机特有的工作机构，用于改变臂架的长度和仰角，从而改变作业幅度。变幅机构可分为动臂变幅和小车变幅两种类型。动臂变幅通过改变臂架的仰角来实现变幅，常见于塔式起重机、门座式起重机等；小车变幅则通过起重小车上的变幅机构来改变臂架头部到起重机回转中心的距离，常见于汽车起重机、轮胎式起重机等。变幅机构的驱动方式有液压驱动、电动驱动和绳索驱动等，液压驱动具有结构紧凑、工作平稳、操作方便等优点，应用较为广泛。

回转机构用于使臂架绕着起重机的垂直轴线做回转运动，在环形空间内运移物料。回转机构主要由回转支承装置和回转驱动装置组成。回转支承装置是连接起重机回转部分和非回转部分的重要部件，可分为滚动轴承式回转支承和滑动轴承式回转支承；回转驱动装置则由电动机、减速器、制动器和回转小齿轮等组成，电动机提供动力，通过减速器降低转速并增大扭矩，再通过回转小齿轮与回转支承的齿圈啮合，驱动回转部分绕垂直轴线回转。

二、应用领域与重要性

起重设备广泛应用于工业、交通、建筑等多个领域，在现代社会的发展中发挥着举足轻重的作用。

在工业领域，起重设备是生产线上不可或缺的关键设备。例如在钢铁厂，桥式起重机承担着吊运钢坯、钢材等重物的重要任务，从原材料的装卸到成品的运输，桥式起重机贯穿了整个生产过程，确保了生产的连续性和高效性。在机械制造企业，各种零部件的搬运和组装都离不开起重设备，如汽车制造工厂中，KBK柔性轨道起重机用于搬运发动机、车身、底盘等部件，其高效的工作能力和灵活的操作方式，大大提高了生产效率，减少了人工搬运的风险。在化工行业，起重机用于吊运各种化工原料和成品，由于化工原料具有腐蚀性、易燃易爆等特性，对起重设备的安全性和可靠性提出了更高的要求。这些起重设备的应用，不仅提高了生产效率，降低了劳动强度，还保证了产品质量和生产安全。

在交通领域，起重设备在港口、车站等场所发挥着至关重要的作用。港口是货物运输的重要枢纽，门座式起重机、浮式起重机等用于装卸集装箱、散货等货物，这大大提高了货物的装卸效率，加快了船舶的周转速度，促进了国际贸易的发展。在车站，起重机用于装卸行李、货物等，方便了旅客出行和货物运输。

建筑领域也是起重设备的重要应用场所之一。在高层建筑施工中，塔式起重机是必不可少的起重设备，用于吊装钢筋、混凝土等建筑材料，其高耸的塔身和长臂架能够将重物吊运到高空作业面，满足了高层建筑施工的需求。在建筑施工现场，施工升降机为施工人员提供了垂直运输的便利，同时也用于运输建筑材料和小型设备。此外，在一些大型建筑项目中，如体育场馆、展览馆等，门式起重机、桥式起重机等用于吊装大型钢结构件和设备，确保了建筑结构的安装和施工进度。

起重设备对提高生产效率、保障工程进度具有重要作用。在工业生产中，起重设备能够快速、准确地搬运重物，减少了物料的搬运时间，提高了生产线上的物料流转速度，从而提高了生产效率。在交通领域，港口起重机的高效作业能够缩短船舶的停靠时间，提高港口的吞吐量；车站起重机的使用则提高了货物的装卸速度，确保了交通运输的顺畅。在建筑施工中，起重设备能够将建筑材料及时吊运到作业面，避免了因材料供应不及时而导致的施工延误，保障了工程进度。如果没有起重设备，许多大型工程的建设将面临巨大困难，甚至无法进行。起重设备的广泛应用，为现代社会的发展提供了有力的支持，推动了工业、交通、建筑等行业的快速发展。

第二节　起重机机械设备安全检验技术相关研究

一、安全检验技术要点

（一）运行环境与轨道检查

运行环境虽不属于起重机自身范围，但对起重机的安全运行有直接影响，故也是对起重机进行安全检查时必不可少的内容。在检查起重机运行区间时，要查看有无电力线路，尤其是高压线路，起重机在运行时应与之保持充足的安全距离，否则，应采取相应措施，限制起重机的运行范围。同时，还需检查周边建筑物、临时设施等有无妨碍起重机正常运行，起重臂、平衡物等部位是否会与之发生碰撞，特别是在门式起重机轨道延长时或固定式起重机上升位移时，更应留意检查。对于汽车起重机，还应检查是否有足够的支腿位置，地下有无空洞以及地面承载能力的大小。

轨道作为起重机运行的基础，其状况直接影响起重机的安全运行。在对轨道进行检查时，需查看轨道是否有明显变形、磨损，轨道的平整度和水平度是否符合要求。轨道的固定螺栓应紧固，无松动现象，防止在起重机运行过程中轨道发生位移。挡轨器是防止起重机脱轨的重要装置，必须检查其是否完好，安装位置是否正确，能否有效发挥作用。轨道两端的防撞装置也至关重要，要检查其缓冲性能是否良好，能否在起重机意外碰撞时起到缓冲作用，减轻碰撞的冲击力。

啃轨现象会加剧车轮和轨道的磨损，降低设备的使用寿命，严重时还可能导致起重机脱轨，引发安全事故。因此，在检验过程中，要仔细观察起重机运行时车轮与轨道的接触情况，判断是否存在啃轨现象。若发现啃轨，需进一步分析原因，可能是车轮的垂直度、水平度出现偏差，或者是轨道的安装精度不够，也可能是起重机的桥架结构变形等原因导致。

此外，由于温度变化会使轨道产生热胀冷缩，若轨道间的温差间隙设置不合理，可能会导致轨道变形或损坏。所以，在检验时要检查轨道间的温差间隙是否符合设计要求，一般来说，轨道间的温差间隙应根据当地的气候条件和轨道材料的热膨胀系数来确定，以确保轨道在温度变化时能够自由伸缩。

（二）行走部分检查

行走部分是起重机实现水平移动的关键部件，对其进行全面检查是确保起重机安全运行的重要环节。行走轮踏面直接与轨道接触，承受着起重机的重量和运行时的各种力，其磨损情况直接影响起重机的运行稳定性和安全性。在检查行走轮踏面时，要观察踏面是否有磨损、剥落、裂纹等缺陷，磨损量是否超过规定值。若踏面磨损不均匀，可能会导致起重机行走时出现晃动或跑偏现象。

开式齿轮在起重机的行走传动系统中起着传递动力的作用，联轴节则用于连接不同的传动轴，使它们能够协同工作。为了防止人员意外卷入开式齿轮和联轴节，应检查其是否配有完好的防护罩。防护罩不仅要安装牢固，而且要能够有效遮挡开式齿轮和联轴节，避免人员接触到运转的部件。

传动系统中的变速箱固定螺栓必须紧固，否则在起重机运行过程中，变速箱可能会发生位移，导致齿轮啮合不良，产生异常噪声和振动，甚至损坏变速箱。因此，在检验时，要用扳手等工具检查变速箱固定螺栓的紧固情况，确保其无松动现象。

行走轴轮的油路是保证行走轮正常运转的重要条件，要检查油路是否畅通，有无堵塞现象。同时，还要检查润滑油的质量和油量是否符合要求。润滑油不足或质量下降，会导致行走轮的轴承磨损加剧，缩短行走轮的使用寿命，甚至引发安全事故。

（三）安全保护装置检验检测

起升机构上升限位器是防止吊钩过度上升，避免吊钩与起重臂或其他部件碰撞的重要安全装置。在检验时，可通过模拟吊钩上升的动作，观察上升限位器是否能在吊钩到达设定的极限位置时及时动作，切断起升机构的电源，使吊钩停止上升。同时，要检查上升限位器的灵敏度和可靠性，以确保其在关键时刻能够正常工作。

运行行程限制器用于限制起重机的运行范围，防止起重机超出规定的工作区域。在检验运行行程限制器时，可让起重机在轨道上运行，当起重机接近行程限制器设定的极限位置时，观察行程限制器是否能发出警报信号，并自动切断运行机构的电源，使起重机停止运行。此外，还要检查行程限制器的安装位置是否正确，调整是否准确。

偏斜调整及显示装置主要用于防止起重机在运行过程中出现偏斜，确保起重机的平稳运行。在检验时，可使起重机在轨道上以不同的速度运行，观察偏斜调整及显示装置是否能及时检测到起重机的偏斜情况，并自动进行调整。同时，要检查显示装置是否能准确显示起重机的偏斜程度，以便操作人员及时了解起重机的运行状态。

缓冲器安装在起重机的运行轨道两端，用于在起重机意外碰撞时吸收碰撞能量，减轻碰撞的冲击力，保护起重机和周边设施的安全。在检验缓冲器时，可通过模拟碰撞试验，检查缓冲器的缓冲性能是否良好，其结构是否完好，安装是否牢固。缓冲器的缓冲行程和缓冲力应符合设计要求，以便能够有效吸收起重机碰撞时的能量。

防风防爬装置是露天工作的起重机必备的安全装置，用于防止起重机在大风天气下被风吹动或发生爬行现象。在检验防风防爬装置时，要检查夹轨器、锚定装置等的工作状态是否正常，其夹紧力或锚固力是否符合要求。同时，还要检查防风防爬装置的操作是否方便，能否在需要时迅速投入使用。

安全钩装置主要用于防止起重机的吊臂在变幅过程中发生后倾，保障起重机的作业安全。在检验安全钩装置时，可模拟吊臂变幅的动作，观察安全钩是否能在吊臂达到后倾极限位置之前及时钩住吊臂，防止吊臂后倾。此外，还要检查安全钩的强度和可靠性，确保其在承受吊臂后倾的拉力时不会发生断裂。

二、检验流程与标准

（一）检验流程

在对起重机机械设备进行安全检验之前，需要做好充分的准备工作。检验人员应详细了解起重机的技术资料，包括设备的设计文件、制造图纸、安装调试记录、使用说明书等，熟悉设备的结构、工作原理、性能参数以及以往的检验和维修记录，为后续的检验工作提供依据。同时，要确保起重机处于停机状态，切断电源，并在现场设置明显的警示标志，防止无关人员进入检验区域，确保检验工作的安全进行。此外，还需对起重机进行清理，去除表面的油污、灰尘等杂物，以便更清晰地观察设备的状况，提高检验的准确性。

外观检查是安全检验的重要环节之一，检验人员需对起重机的金属结构进行全面检查，查看是否有变形、裂纹、腐蚀等缺陷。对于主梁、支腿、起重臂等主要受力构件，要重点检查其关键部位，如焊缝处、连接点等，这些部位在长期使用过程中容易出现问题。采用肉眼观察、量具测量等方法，判断金属结构的变形程度是否在允许范围内，裂纹的深度和长度是否符合相关标准，腐蚀的面积和程度是否影响设备的强度和稳定性。

对于起重机的零部件，如吊钩、钢丝绳、滑轮、制动器等，也需逐一检查。检查吊钩的防脱装置是否完好，表面有无疲劳变形、裂纹等缺陷；查看钢丝绳的磨损、断丝、扭结、压扁、弯折、断股、腐蚀等情况是否超标，其规格、型号与滑轮卷筒的匹配是否符合设计要求；检查滑轮的绳槽、轮缘是否有裂纹、破边、磨损超标等状况，转动是否灵活；观察制动器的制动闸瓦磨损程度，制动轮表面是否有划痕、烧伤等缺陷，制动弹簧的弹性是否符合要求，制动装置的动作是否灵敏可靠。

性能测试旨在检验起重机的各项性能是否符合要求。对起升机构进行测试时，要通过加载不同重量的载荷，检查起升速度是否稳定，起升高度是否达到设计要求，起升过程中是否有异常噪声、振动等现象。测试运行机构时，让起重机在轨道上或地面上运行，检查运行速度是否均匀，运行过程中是否平稳，有无啃轨、跑偏等问题。对于变幅机构和回转机构，同样要进行相应的性能测试，检查其变幅和回转的灵活性、平稳性，以及限位装置的可靠性。

在性能测试过程中，要严格按照相关标准和操作规程进行操作，以确保测试数据的准确性和可靠性。同时，要密切关注起重机的运行状态，及时发现并记录异常情况，以便后续分析和处理。

在检验过程中，检验人员应详细记录各项检验数据和发现的问题。对于外观检查中发现的金属结构变形、零部件缺陷等情况，要准确记录其位置、尺寸、形状等信息；对于性能测试得到的数据，如起升速度、运行速度、制动距离等，要如实记录，并与标准值进行对比分析。

对记录的数据进行整理和分析，判断起重机的安全状况。如果发现某些数据超出标准范围或存在异常情况，需进一步分析原因，可能是设备本身存在故障，也可能是操作不当、维护保养不到位等原因导致。根据分析结果，提出相应的处理建议，如对存在缺陷的零部件进行维修或更换，对设备的性能进行调整和优化等。

（二）检验标准

在起重机机械设备安全检验工作中，严格遵循相关标准至关重要。国家标准是整个检验工作的基石，具有权威性和通用性。如 GB6067.1—2010《起重机械安全规程第 1 部分：总则》，对起重机械的设计、制造、安装、使用、检验等各个环节都制定了详细且明确的安全要求。在起重机的金属结构设计方面，规定了材料的选用标准、结构的强度和稳定性计算方法，确保金属结构在各种工况下都能安全承载。对于安全保护装置，明确了其种类、性能要求以及安装和调试标准，保障起重机在运行过程中的安全可靠性。

GB/T5905.1—2023《起重机 检验与试验规范第 1 部分：通则》则具体规范了起重机检验与试验的程序、方法和内容。在检验程序上，详细规定了检验前的准备工作、检验过程中的操作步骤以及检验后的报告编制要求；在检验方法方面，涵盖了外观检查、无损检测、性能测试等多种手段，并对每种方法的操作要点和技术指标进行了明确。通过这些标准的严格执行，能够确保起重机的安全性能得到全面、准确的检验。

行业标准依据不同行业的特点和需求，对起重机的安全检验提出了针对性的要求。例如，在港口行业，JT/T900—2014《港口门座起重机安全检测技术规范》针对港口门座起重机的特殊工作环境和作业要求，对其安全检测的项目、方法和频率作出了详细规定。由于港口门座起重机通常在露天、潮湿且高负荷的环境下工作，该标准特别强调了对金属结构的腐蚀检测、防风防爬装置的性能检测以及电气系统的防水、防潮性能检测等。

在建筑行业，JGJ332—2014《建筑施工起重吊装工程安全技术规范》对建筑施工中使用的起重机械的安全检验做出了专门规定。考虑到建筑施工现场的复杂性和多变性，该标准注重对起重机的安装、拆卸过程的安全检验，以及对其在不同施工阶段的适应性检验，确保起重机在建筑施工中能够安全、高效地运行。

企业标准是企业根据自身实际情况和技术水平制定的内部标准，通常在满足国家标准和行业标准的基础上，对起重机的安全检验提出更高的要求。一些大型企业为了确保起重机的安全运行，提高生产效率，会制定严格的企业标准。在设备的日常维护保养方面，企业标准可能规定了更频繁的检查频率和更详细的检查内容；在零部件的更换标准上，可能设定了更严格的磨损限度和使用寿命要求。这些企业标准的制定和实施，有助于企业加强对起重机的精细化管理，降低设备故障率，保障生产的顺利进行。

这些标准为检验工作提供了明确的指导和规范，确保检验工作的科学性、准确性和公正性。在实际检验工作中，检验人员必须严格按照这些标准进行操作，不得随意降低检验要求或简化检验程序。只有这样，才能及时发现起重机机械设备存在的安全隐患，采取有效的措施进行整改，保障起重机的安全运行，避免安全事故的发生。

三、新技术在安全检验中的应用

（一）无损检测技术

无损检测技术是在不破坏被检测对象的前提下，对其内部或表面的缺陷、性能等进行检测的技术，在起重设备安全检验中具有重要应用。

超声检测是利用超声波在材料中传播时，遇到缺陷会发生反射、折射和散射等现象，从而检测出缺陷的位置、大小和形状。对于起重设备的金属结构，如主梁、支腿等，超声检测可有效发现内部的裂纹、气孔、夹渣等缺陷。在检测过程中，将超声探头与被检测部位紧密接触，发射超声波，接收反射回来的超声波信号，根据信号的变化来判断缺陷的情况。超声检测具有检测速度快、灵敏度高、成本低等优点，可用于检测各种形状和尺寸的部件，但对缺陷的定性和定量分析相对较困难。

射线检测则是利用 X 射线或 γ 射线穿透被检测物体，由于缺陷部位与正常部位对射线的吸收程度不同，在射线底片上会形成不同的影像，从而显示出缺陷的信息。射线检测能够清晰地显示出起重设备焊缝中的未焊透、未熔合、裂纹等缺陷，以及铸件中的缩孔、疏松等缺陷。通过对射线底片的分析，可以准确地判断缺陷的性质、大小和位置。射线检测的优点是检测结果直观、准确，可永久性记录，但射线对人体有害，检测过程需要严格的防护措施，且成本较高。

磁粉检测适用于检测铁磁性材料表面和近表面的缺陷。当被检测部件被磁化后，若表面或近表面存在缺陷，会产生漏磁场，磁粉会被吸附在缺陷处，形成明显的磁痕，从而显示出缺陷的位置和形状。在检测起重机的吊钩、钢丝绳、车轮等部件时，磁粉检测能够快速、有效地发现表面的裂纹、折叠等缺陷。磁粉检测操作简单、灵敏度高，但只能检测铁磁性材料，对非铁磁性材料无效。

渗透检测主要用于检测非多孔性材料表面的开口缺陷。将含有色染料或荧光剂的渗透液涂覆在被检测部件表面，渗透液会渗入缺陷中，然后去除表面多余的渗透液，再涂上显像剂，缺陷中的渗透液会被显像剂吸附，从而显示出缺陷的形状和位置。渗透检测可用于检测起重设备的各种金属和非金属材料表面的裂纹、气孔、疏松等缺陷。该方法操作简单、成本低，但只能检测表面开口缺陷，对内部缺陷无法检测。

（二）智能监测系统

智能监测系统是利用传感器、物联网、大数据、人工智能等技术，对起重设备的运行状态进行实时监测、故障预警和诊断的系统，为起重设备的安全运行提供了有力保障。

传感器是智能监测系统的基础，通过在起重设备的关键部位安装各种传感器，如压力传感器、温度传感器、位移传感器、振动传感器等，能够实时采集设备的运行参数。压力传感器可监测起重机的起吊重量，并确保不超载运行；温度传感器用于监测电机、减速器等部件的温度，防止因温度过高导致设备损坏；位移传感器可检测起重机的起升高度、运行行程等参数，以保证设备在规定的范围内运行。振动传感器则能捕捉设备运行时的振动信号，通过分析振动的频率、幅值等特征，判断设备是否存在故障隐患。这些传感器采集到的数据通过有线或无线方式传输到数据采集模块，为后续的数据分析和处理提供原始数据。

物联网技术实现了传感器与监测系统之间的数据传输和通信。通过物联网，将分布在不同位置的传感器连接成一个网络，使数据能够实时、准确地传输到监测系统的服务器。无线传输技术，如 Wi-Fi、蓝牙、ZigBee 等，具有安装方便、灵活性高的特点，在起重设备智能监测系统中得到了广泛应用。通过物联网，不仅可以实现对单台起重设备的监测，还能够对多台设备进行集中管理和监控，这提高了监测效率和管理水平。

大数据技术对采集到的海量运行数据进行存储、分析和挖掘。通过建立数据仓库，将设备的历史运行数据、故障数据、维护记录等进行整合存储，为数据分析提供丰富的数据资源。利用数据挖掘算法，如关联规则挖掘、聚类分析、异常检测等，从数据中发现潜在的规律和模式，为设备的故障诊断和预测提供依据。通过分析起重机的起吊重量、运行时间、故障次数等数据之间的关联关系，找出导致故障发生的关键因素，提前采取措施进行预防。

人工智能技术则是智能监测系统的核心，通过机器学习、深度学习等算法，对设备的运行数据进行建模和分析，实现对设备故障的智能诊断和预警。机器学习算法可以根据设备的历史数据进行训练，建立故障预测模型，当设备的运行数据出现异常时，模型能够及时发出预警信号，提醒操作人员采取相应的措施。深度学习算法，如人工神经网络、卷积神经网络等，能够自动学习设备运行数据的特征，提高故障诊断的准确性和可靠性。利用卷积神经网络对起重机的振动信号进行分析，能够准确地识别出设备的故障类型和故障程度。

当智能监测系统检测到设备运行异常或出现故障隐患时，会及时发出预警信号。预警信号可以通过多种方式传达给相关人员，如手机短信、电子邮件、声光报警等。操作人员收到预警信号后，能够迅速采取措施，如停机检查、维修保养等，避免故障的进一步扩大，以确保设备的安全运行。智能监测系统还可以实现远程监控和管理，管理人员可以通过互联网随时随地查看设备的运行状态和监测数据，对设备进行远程控制和管理，提高了管理效率和响应速度。

第三节　起重机机械设备安全检验结果进行评价分析

一、评价指标体系建立

构建科学合理的起重机机械设备安全检验结果评价指标体系，是准确评估设备安全状况的关键。本评价指标体系涵盖设备完整性、限位装置、电气系统、液压系统、作业环境等多个关键方面，各指标相互关联、相互影响，共同反映起重机的安全性能。

设备完整性是评价起重机安全状况的基础指标，主要包括金属结构、零部件等方面。金属结构作为起重机的承载主体，其完整性至关重要。若金属结构出现变形、裂纹等缺陷，会严重削弱起重机的承载能力，增加安全事故的风险。主梁的弯曲变形可能导致起重机在吊运重物时出现晃动，甚至发生坍塌事故；关键部位的裂纹则可能在应力作用下迅速扩展，最终引发结构断裂。零部件的完整性同样不容忽视，如吊钩、钢丝绳、滑轮等零部件的磨损、变形或损坏，会直接影响起重机的正常运行。吊钩的磨损可能导致其承载能力下降，在吊运重物时发生断裂；钢丝绳的断丝、磨损会降低其强度，容易引发重物坠落事故。因此，设备完整性指标在安全评价中起着基础性作用，直接关系起重机的结构安全和运行可靠性。

限位装置是保障起重机安全运行的重要安全保护装置，包括起升高度限位器、运行行程限位器等。起升高度限位器能够防止吊钩过度上升，避免吊钩与起重臂或其他部件碰撞，有效保护起重机和操作人员的安全。当吊钩上升到设定的极限位置时，起升高度限位器应能及时动作，切断起升机构的电源，使吊钩停止上升。运行行程限位器则用于限制起重机的运行范围，防止起重机超出规定的工作区域，避免与周边障碍物发生碰撞。在起重机运行到行程限制器设定的极限位置时，运行行程限位器应能自动发出警报信号，并切断运行机构的电源，使起重机停止运行。限位装置的可靠性和有效性对预防起重机安全事故具有重要意义，是安全评价中不可或缺的指标。

电气系统是起重机的重要组成部分，其安全性直接影响起重机的运行安全。电气系统的评价指标包括电气线路的绝缘性能、接地保护、电气元件的可靠性等。电气线路的绝缘性能不良，容易导致漏电事故，危及操作人员的生命安全；接地保护措施不完善，可能使电气设备外壳带电，增加触电风险。电气元件的可靠性也至关重要，如接触器、继电器等元件的故障可能导致电气系统失控，引发起重机错误动作。因此，电气系统指标在安全评价中占据重要地位，是确保起重机电气安全的关键。

液压系统在起重机中用于实现各种动作的驱动，其工作状况对起重机的性能和安全有着重要影响。液压系统的评价指标主要包括液压油的质量、液压泵的工作压力、液压管路的密封性等。液压油质量下降，如污染、变质等，会影响液压系统的正常工作，导致液压元件磨损加剧，甚至损坏；液压泵的工作压力不足，无法提供足够的动力，会使起重机的动作迟缓或无法正常工作；液压管路的密封性不良，会导致液压油泄漏，不仅浪费资源，还可能引发火灾等安全事故。因此，液压系统指标是评价起重机安全性能的重要方面，对保障起重机的正常运行和安全作业具有重要作用。

作业环境对起重机的安全运行有着直接或间接的影响，评价指标包括场地条件、气象条件等。场地条件主要指起重机作业场地的平整度、承载能力、空间限制等。作业场地不平整，会使起重机在运行过程中产生晃动，影响设备的稳定性；场地承载能力不足，可能导致起重机在作业时发生下陷，引发倾翻事故。气象条件如风力、降雨、温度等也会对起重机的安全运行产生影响。强风可能使起重机的起重臂发生摆动，增加重物坠落的风险；降雨会使作业场地湿滑，影响起重机的制动性能；高温或低温环境会对起重机的零部件和电气系统产生不利影响，降低设备的可靠性。因此，作业环境指标在安全评价中不容忽视，是综合评估起重机安全状况的重要因素。

二、评价方法选择

（一）风险评估

风险评估是对起重设备在运行过程中可能面临的各种风险进行识别、分析和评价的过程，旨在确定设备的安全风险水平，为制定相应的风险控制措施提供依据。在起重设备安全评价中，常用的风险评估方法有故障树分析（FTA）、失效模式与影响分析（FMEA）等。

故障树分析是一种将系统故障形成的原因由总体至部分按树枝状逐级细化的图形演绎方法。它以不希望发生的事件（顶上事件）为分析目标，通过对系统故障原因的分析，找出导致顶上事件发生的所有可能的故障模式（最小割集），并计算各基本事件的结构重要度。在分析桥式起重机起升机构故障时，将起升机构无法正常起升作为顶上事件，然后逐步分析导致该事件发生的原因，如电机故障、制动器故障、钢丝绳断裂等，通过建立故障树模型，找出各故障模式之间的逻辑关系，确定系统的薄弱环节。故障树分析不仅可以进行定性分析，找出系统的故障模式和影响因素，还可以通过计算最小割集和基本事件的结构重要度，对系统的安全性进行定量评估，为制定针对性的安全措施提供科学依据。

失效模式与影响分析则是一种前瞻性的可靠性分析和安全性评估方法。它通过对系统中每一个潜在的故障模式进行分析，确定其对系统所产生的影响，并根据影响的严重程度、发生概率和可检测性对故障模式进行风险排序，从而识别系统中的薄弱环节和关键项目，为制定改进控制措施提供依据。以门式起重机为例，对其各个部件，如主梁、支腿、行走机构、起升机构等，逐一分析可能出现的故障模式，如主梁变形、支腿断裂、行走轮脱轨、起升钢丝绳断裂等，评估每种故障模式对门式起重机整体性能和安全的影响。失效模式与影响分析强调“事前预防”，能够在设备设计、制造、使用和维护等各个环节中，提前发现潜在的故障隐患，采取有效的预防措施，以降低设备故障发生的概率和影响程度。

（二）安全检查

安全检查是保障起重设备安全运行的重要手段，通过对设备的定期检查和维护，能够及时发现设备存在的安全隐患，采取相应的措施进行整改，以确保设备的安全性能。安全检查方法主要包括日常检查、定期检查、专项检查等。

日常检查由设备操作人员在每班作业前、作业中、作业后对设备进行的检查，主要检查设备的外观、运行状态、安全保护装置等。操作人员在作业前，应检查起重机的吊钩、钢丝绳、制动器等部件是否正常，安全保护装置是否有效；作业中，要密切关注设备的运行状况，有无异常噪声、振动、异味等；作业后，对设备进行清洁和简单的维护，记录设备的运行情况。日常检查能够及时发现设备的一些常见问题，如零部件的松动、磨损等，便于及时处理，避免问题扩大化。

定期检查则是由专业的设备维修人员或检验机构按照规定的时间间隔对设备进行的全面检查。定期检查的内容包括设备的金属结构、机械部件、电气系统、安全保护装置等，通常采用无损检测、性能测试等技术手段，对设备的各项性能指标进行检测和评估。对于桥式起重机，定期检查时要对主梁的变形、焊缝的质量进行检测，对起升机构、运行机构的性能进行测试，对电气系统的绝缘性能、接地保护进行检查等。定期检查能够深入了解设备的整体状况，发现一些潜在的安全隐患，为设备的维护和修理提供依据。

专项检查是针对设备的某一特定方面或在特定情况下进行的检查。如在设备经过大修、改造后，对设备的相关性能进行专项检查，以确保设备改造后的安全性和可靠性。在设备发生故障后，对故障原因进行专项检查，以便彻底排除故障。当起重机出现啃轨现象时，进行专项检查，分析啃轨的原因，可能是轨道安装不平、车轮磨损不均匀、桥架变形等，针对不同的原因采取相应的措施进行整改。专项检查具有针对性强的特点，能够快速有效地解决设备存在的特定问题。

对于安全检查的结果，应进行详细记录和分析。根据检查发现的问题，对设备的安全状况进行评价，确定设备是否符合安全运行的要求。如果发现设备存在安全隐患，应及时下达整改通知，明确整改要求和期限，跟踪整改情况，以确保隐患得到有效消除。对整改后的设备进行复查，验证整改效果，保证设备的安全性能。

（三）事故调查

当起重设备发生事故时，及时、全面、深入地进行事故调查分析至关重要。事故调查旨在查明事故发生的原因、过程和人员伤亡、财产损失情况，认定事故责任，总结经验教训，提出防范和整改措施，防止类似事故再次发生。

事故调查应遵循科学严谨、依法依规、实事求是、注重实效的原则。调查人员首先要保护好事故现场，收集与事故有关的各种证据，包括现场物证、证人证言、设备运行记录、维修保养记录等。对于事故现场的物证，如损坏的零部件、断裂的钢丝绳、变形的金属结构等，要进行详细的拍照、测量和记录，以便后续分析。证人证言能够提供事故发生时的现场情况和相关细节，调查人员应及时对现场人员进行询问，并做好记录。设备运行记录和维修保养记录则可以反映设备的运行状况和维护情况，为分析事故原因提供重要线索。

通过对收集到的证据进行分析，找出事故发生的直接原因和间接原因。直接原因通常是设备的故障、操作人员的违规操作等，如起重机的起升机构制动器失灵，导致重物坠落；操作人员超载吊运，引发起重机倾翻。间接原因可能涉及设备的设计缺陷、维护保养不到位、安全管理制度不完善、人员培训不足等，如起重机的设计不合理，导致其在某些工况下稳定性较差；设备长期缺乏维护保养，零部件磨损严重，影响设备的安全性能；安全管理制度不健全，对操作人员的违规行为缺乏有效的监督和约束；人员培训不足，操作人员对设备的操作规程和安全注意事项不熟悉。

在查明事故原因的基础上，认定事故责任，对事故责任单位和责任人依法依规进行处理。同时，针对事故原因，提出切实可行的改进措施，如完善设备的设计，加强设备的维护保养，健全安全管理制度，加强人员培训等。对于因设计缺陷导致事故发生的，要求设计单位对设备进行改进设计，提高设备的安全性和可靠性；对于维护保养不到位的，加强对设备维护保养工作的管理，制订严格的维护保养计划和标准，确保设备得到及时、有效的维护保养；对于安全管理制度不完善的，进一步完善安全管理制度，明确各部门和人员的安全职责，加强安全监督和检查；对于人员培训不足的，加大人员培训力度，提高操作人员的安全意识和操作技能。

通过对起重设备事故的调查分析，总结经验教训，将事故案例作为反面教材，对相关人员进行安全教育，提高全员的安全意识，防止类似事故的再次发生。

三、评价结果应用

（一）设备维护与维修

根据安全检验评价结果，制订科学合理的设备维护计划是确保起重机持续安全运行的关键。对于评价结果显示设备完整性存在问题的情况，如金属结构出现轻微变形或零部件有一定磨损，应在维护计划中明确规定定期检查的周期和具体检查内容，以便及时掌握设备的变化情况。若金属结构变形在允许范围内，但有发展趋势，可每季度进行一次详细的结构检测，包括使用无损检测技术检查关键部位的焊缝和材料内部缺陷。对于零部件磨损，根据磨损程度和零部件的重要性，确定合理的更换周期。如吊钩磨损达到一定限度时，应及时更换，以确保其承载能力和安全性。

当评价结果表明设备存在较为严重的问题时，需及时安排维修工作。明确维修内容，对于金属结构的严重变形，可能需要进行矫正和加固处理；对于零部件的损坏，要更换损坏的零部件。准确确定维修时间，应根据设备的使用情况和安全风险程度来安排。如果设备存在严重安全隐患，影响正常使用，应立即停止设备运行，进行紧急维修；若问题相对不那么紧急，可在设备使用间隙或生产淡季安排维修，以减少对生产的影响。

在维护维修工作的实施过程中，要严格按照相关的操作规程和技术标准进行操作。维修人员应具备专业的技能和知识，熟悉设备的结构和工作原理，以确保维修质量。在更换零部件时，要选择符合质量标准的配件，以保证其与设备的兼容性和可靠性。维修完成后，对设备进行全面的调试和检测，以确保设备各项性能指标恢复正常。对起重机的起升机构、运行机构等进行性能测试，检查设备的运行是否平稳，安全保护装置是否有效。

为了确保维护维修工作的质量和效果，必须加强对其监督。建立健全监督机制，明确监督人员的职责和权限，监督人员要对维护维修工作的全过程进行跟踪检查。在维修过程中，监督人员应检查维修人员是否按照操作规程进行操作，使用的工具和设备是否符合要求，维修材料的质量是否合格等。对维修后的设备进行验收，检查设备的维修质量是否达到预期目标，各项性能指标是否符合标准要求。如果发现维护维修工作存在问题，及时要求整改，确保设备的安全运行。

（二）安全管理改进

通过对起重机机械设备安全检验评价结果的深入分析，能够发现安全管理方面存在的诸多问题。若在评价过程中发现多次出现操作人员违规操作的情况，这可能反映出安全管理制度在执行过程中存在漏洞，对操作人员的行为约束不足。如果设备的维护保养记录不完整或存在缺失，说明安全管理制度中关于设备维护保养的规定没有得到有效落实。

针对这些问题，需采取一系列措施完善安全管理制度。进一步明确各部门和人员在起重机安全管理中的职责，避免职责不清导致的管理混乱。加强对安全管理制度执行情况的监督和考核，建立严格的奖惩机制，对遵守制度的人员给予奖励，对违反制度的人员进行严肃处罚，以提高制度的执行力。

加强人员培训是提高起重机安全管理水平的重要环节。根据评价结果，若发现操作人员对设备的操作规程和安全注意事项不熟悉，应针对性地开展操作技能培训，通过理论讲解、实际操作演示等方式，让操作人员熟练掌握设备的操作方法和技巧。针对安全意识淡薄的问题，加强安全意识教育，通过案例分析、安全知识讲座等形式，让操作人员深刻认识到违规操作的危害，以提高其安全意识和自我保护能力。定期组织安全培训和考核，确保操作人员不断更新知识和技能，以便始终保持良好的安全操作水平。

对作业流程进行优化也是安全管理改进的重要内容。根据评价结果中反映出的问题，对现有的作业流程进行全面梳理，查找流程中存在的不合理之处。如在起重机的吊运作业流程中，如果发现存在起吊前检查不规范、吊运路线不合理等问题，对作业流程进行重新设计，明确起吊前的检查项目和标准，规划合理的吊运路线，避免与周边障碍物发生碰撞。简化烦琐的操作环节，提高作业效率，同时降低安全风险。通过优化作业流程，使起重机的操作更加规范、安全、高效。

第四节 起重设备安全管理措施

一、安全管理制度建设

建立健全安全管理制度是保障起重设备安全运行的基础，涵盖司机守则、安全操作规程、维护保养制度、检查检验制度、技术档案管理制度、人员培训考核制度、准用证管理制度等多个方面。

司机守则明确了司机在操作起重设备过程中的基本职责和行为规范。司机必须经过专业培训，取得相应的操作资格证书，严格遵守操作规程，严禁无证上岗。在作业前，司机要对设备进行全面检查，以确保设备处于良好的运行状态。作业中，要集中精力，严格按照指挥信号进行操作，不得擅自离开工作岗位；作业后，要对设备进行清理和保养，做好相关记录。

安全操作规程详细规定了起重设备的操作流程和注意事项。操作人员在操作前，必须确认工作区域内无人员和障碍物，检查设备的安全保护装置是否完好有效。在起吊重物时，要严格控制起吊重量，不得超载作业；要保持起吊过程的平稳，避免重物晃动和碰撞；严禁歪拉斜吊、利用极限位置限制器停车等违规操作。

维护保养制度规定了设备维护保养的周期、内容和要求。定期对设备进行清洁、润滑、紧固、调整和更换易损零部件，以确保设备的各项性能指标符合要求。对于关键部件，如金属结构、钢丝绳、制动器等，要进行重点检查和维护。根据设备的使用情况和运行环境，合理调整维护保养的周期，以确保设备始终处于良好的运行状态。

检查检验制度明确了设备检查检验的种类、周期和标准。日常检查由操作人员在每班作业前、作业中、作业后进行，主要检查设备的外观、运行状态、安全保护装置等；定期检查由专业维修人员或检验机构按照规定的时间间隔进行，包括设备的全面检查、性能测试和无损检测等。检查检验过程中，要严格按照相关标准进行操作，如实记录检查检验结果，对发现的问题及时进行处理。

技术档案管理制度要求对设备的技术资料进行妥善管理。技术档案应包括设备的设计文件、制造图纸、安装调试记录、使用说明书、维修保养记录、检查检验报告等。建立设备技术档案，有助于全面了解设备的历史运行情况和维护保养情况，为设备的管理和维修提供依据。技术档案要由专人负责管理，以确保档案的完整性、准确性和安全性。

人员培训考核制度注重对操作人员和管理人员的培训和考核。定期组织操作人员参加专业技能培训，使其熟悉设备的操作规程和安全注意事项，提高操作技能和应急处理能力。对管理人员进行安全管理知识培训，以提升其安全管理水平。建立严格的考核制度，对操作人员和管理人员的培训效果进行考核，考核合格后方可上岗。

准用证管理制度规定了起重设备准用证的申请、审核和发放程序。设备在投入使用前，必须经过检验机构的检验，检验合格后，向相关部门申请准用证。相关部门对设备的检验报告、操作人员资格证书、安全管理制度等进行审核，审核通过后，发放准用证。只有取得准用证的设备，方可投入使用。

二、技术档案管理

设备出厂技术文件是了解设备原始性能和技术参数的重要依据，应妥善保存。产品说明书详细介绍了设备的结构、工作原理、性能指标、操作方法、维护要求等内容，为设备的正确使用和维护提供了指导。合格证是设备质量合格的证明文件，表明设备在出厂时经过了严格的检验，符合相关的质量标准。保修卡则记录了设备的保修期限、保修范围、售后服务联系方式等信息，便于在设备出现故障时及时联系厂家进行维修。

安装修理记录详细记载了设备安装和修理的过程、采用的技术方法、更换的零部件等信息。安装记录包括安装时间、安装地点、安装人员、安装调试报告等内容，有助于了解设备的安装情况和初始运行状态。修理记录则记录了设备历次修理的原因、时间、维修人员、维修内容、更换的零部件等信息，为设备的后续维护和故障诊断提供了参考。验收资料是设备安装或修理后进行验收的文件，包括验收报告、验收标准、验收人员签字等内容，以确保设备安装或修理符合相关要求。

使用维护记录反映了设备在使用过程中的实际情况，包括使用时间、使用频率、工作负荷、日常维护保养情况等。通过对使用维护记录的分析，可以了解设备的运行状况，及时发现设备的潜在问题，为设备的维护和保养提供依据。试验记录则记录了设备进行的各种试验，如空载试验、负载试验、安全保护装置试验等，以检验设备的性能是否符合要求。

监督检验报告是由专业的检验机构对设备进行检验后出具的报告，具有权威性和公正性。报告中详细记录了检验的项目、方法、结果，以及设备存在的问题和整改建议。定期检验报告按照规定的时间间隔对设备进行全面检验后出具，能够及时发现设备在运行过程中出现的问题；整改措施报告则针对检验中发现的问题，提出具体的整改措施和要求，以确保设备的安全运行。

事故记录包括事故发生的时间、地点、经过、原因、人员伤亡和财产损失情况等内容。对事故记录进行分析，能够总结经验教训，找出事故发生的规律，采取有效的预防措施，防止类似事故再次发生。调查报告则是对事故进行深入调查后形成的报告，详细分析了事故的原因、责任认定、处理结果等内容。处理意见记录了对事故责任单位和责任人的处理情况，以及对事故防范和整改措施的落实要求。

问题分析评价记录是对设备在使用过程中出现的问题进行分析和评价的记录，包括问题描述、原因分析、解决方案、效果评估等内容。通过对问题分析评价记录的整理和总结，可以不断改进设备的管理和维护工作，以提高设备的安全性能。设备故障分析对设备故障的原因进行深入剖析，找出故障的根本原因，为设备的维修和改进提供依据。改进措施则针对设备存在的问题，提出具体的改进方案和措施，以提高设备的可靠性和安全性。

技术档案应由专人负责管理，建立严格的档案借阅、查阅、复制、销毁等管理制度。借阅档案时，需办理借阅手续，明确借阅时间和归还时间，以确保档案的及时归还。查阅档案时，应在指定的地点进行，不得随意损坏或涂改档案内容。复制档案需经过相关负责人的批准，确保复制件的准确性和完整性。销毁档案时，要按照规定的程序进行，以确保档案的安全销毁。技术档案应采用纸质和电子文档两种形式并存，定期对档案进行备份，防止档案丢失或损坏。同时，要利用信息化技术，建立档案管理系统，提高档案管理的效率和便捷性。

三、定期检验与日常检查

（一）定期检验制度

起重机械安全定期监督检验周期依据设备类型的不同而有所差异，其中升降机的安全定期监督检验周期为一年，这是由于升降机通常在建筑物内部运行，使用频率较高，且与人员的日常出行密切相关，为确保其安全运行，需要每年进行一次全面的检验。而对于起重机，其安全定期监督检验周期一般为两年。起重机的结构和工作原理相对复杂，在正常使用情况下，两年的检验周期既能满足对设备安全性能的监测要求，又能在一定程度上平衡检验成本和生产效率。

定期检验的内容涵盖多个关键方面，包括金属结构的完整性检查，通过外观检查、无损检测等方法，查看金属结构是否存在变形、裂纹、腐蚀等缺陷，这些缺陷可能会削弱金属结构的承载能力，危及起重机的安全运行。机械部件的性能测试也是重要内容，对起升机构、运行机构、变幅机构等机械部件的运行状况进行测试，检查其动作是否灵活、平稳，有无异常噪声、振动等现象，以确保机械部件的性能符合要求。电气系统的安全性检验同样不可或缺，检查电气线路的绝缘性能是否良好，接地保护是否可靠，电气元件是否正常工作，防止电气故障引发安全事故。

在进行定期检验时，需遵循严格的方法和程序。检验人员首先要查阅设备的相关技术资料，包括设备的设计文件、制造图纸、安装调试记录、使用说明书、以往的检验报告等，了解设备的基本情况和历史运行状况。进行现场检验，按照相关标准和规范，对设备的各个部位进行细致检查和测试。在检验过程中，如实记录检验结果，对于发现的问题，详细描述问题的性质、位置、严重程度等信息。根据检验结果，出具检验报告，报告中明确设备的安全状况，提出整改建议和期限。

（二）日常检查要求

每日检查由操作人员在每班作业前、作业中、作业后进行，重点检查设备的外观是否有明显损坏，如吊钩是否有变形、裂纹，钢丝绳是否有断丝、磨损等；操纵系统是否灵活可靠，各控制按钮、手柄的操作是否顺畅，响应是否准确；各机构的制动情况是否良好，制动闸瓦与制动轮的贴合是否紧密，制动是否迅速、有效；安全防护装置是否齐全有效，如起升高度限位器、运行行程限位器、紧急制动按钮等是否正常工作。作业前的检查能及时发现设备在闲置期间可能出现的问题，以确保设备在作业前处于安全状态；作业中的检查可随时掌握设备的运行状况，及时发现异常情况并采取措施；作业后的检查有助于对设备进行日常维护，记录设备的运行情况，为后续的维护保养提供依据。

每月检查由专业维修人员或设备管理人员进行，除重复每日检查的部分内容外，还需对设备的易损零部件进行重点检查，如滑轮的磨损情况，滑轮的绳槽是否有磨损、变形，轮缘是否有裂纹；减速机的齿轮啮合情况，齿轮是否有磨损、断齿，润滑油是否充足、清洁；电气线路的连接是否牢固，有无松动、老化、破损等现象；液压系统的密封性，液压管路是否有泄漏，液压油的油位和质量是否正常。通过每月检查，能够及时发现设备在长期运行过程中出现的潜在问题，提前进行维修或更换零部件，避免设备故障的发生。

年度检查则是对设备进行全面、深入的检查，包括设备的金属结构、机械部件、电气系统、安全保护装置等各个方面。使用无损检测技术对金属结构进行检测，如采用超声检测、射线检测等方法，检查金属结构内部是否存在裂纹、气孔等缺陷；对设备的各项性能进行测试，如起升机构的起升速度、起重量，运行机构的运行速度、制动距离等，以确保设备的性能符合设计要求。对安全保护装置进行全面校验，如对起升高度限位器、运行行程限位器、超载限制器等进行动作试验，检查其灵敏度和可靠性。年度检查通常由专业的检验机构或具有丰富经验的技术人员进行，能够全面评估设备的安全状况，为设备的维护和更新提供重要依据。

在检查过程中，一旦发现问题，应立即采取相应的处理方法。对于轻微问题，如零部件的轻微磨损、松动等，操作人员或维修人员可当场进行修复或调整，如紧固松动的螺栓、更换磨损的密封件等。对于较为严重的问题，如金属结构的裂纹、关键零部件的损坏等，应立即停止设备运行，采取安全措施，防止事故发生。及时通知专业维修人员进行维修，维修人员应根据问题的严重程度和设备的实际情况，制定维修方案，进行维修或更换零部件。维修完成后，对设备进行全面调试和检测，以确保设备恢复正常运行状态。同时，对问题的处理过程和结果进行详细记录，以便后续查阅和分析。

四、作业人员培训与教育

起重作业人员应具备年满18周岁，初中以上文化程度，身体健康，无高血压、心脏病、癫痫病等妨碍从事起重作业的疾病和生理缺陷。同时，需具备一定的机电基础知识，熟悉起重设备的基本结构、工作原理和性能特点，掌握起重作业的安全操作规程和相关法律法规。

培训内容涵盖理论知识和实际操作技能。理论知识培训包括起重设备的构造、原理、性能参数、安全操作规程、法律法规、事故案例分析等。通过讲解起重设备的机械结构、电气系统、液压系统等方面的知识，让作业人员深入了解设备的工作原理和性能特点，掌握正确的操作方法和安全注意事项。在讲解安全操作规程时，详细介绍起吊前的准备工作、起吊过程中的操作要点、起吊后的收尾工作等，强调严禁超载、歪拉斜吊、利用极限位置限制器停车等违规操作。通过分析实际发生的事故案例，让作业人员深刻认识到违规操作的严重后果，以提高安全意识。

实际操作技能培训则注重培养作业人员的操作熟练度和应急处理能力。在专业的培训场地，由经验丰富的培训人员指导作业人员进行实际操作练习，包括设备的启动、停止、起升、下降、回转、变幅等操作。通过模拟各种实际作业场景，让作业人员熟练掌握设备的操作技巧，以提高应对突发情况的能力。设置重物坠落、设备故障等模拟事故场景，让作业人员进行应急处理演练，学会如何迅速采取有效的措施，避免事故的扩大。

考核方式采用理论考核与实际操作考核相结合的方式。理论考核主要考查作业人员对起重设备相关知识、安全操作规程、法律法规等内容的掌握程度，可采用闭卷考试、在线答题等形式。实际操作考核则在实际作业场景中进行，考查作业人员的操作技能和应急处理能力，由专业的考核人员对作业人员的操作过程进行评估，根据操作的准确性、熟练度、安全性等方面进行打分。

作业人员经考核合格后，由相关部门颁发资质证书，只有取得资质证书的人员才能从事起重作业。资质证书应定期进行复审，复审内容包括作业人员的工作表现、培训记录、安全事故情况等。对于复审不合格的人员，应暂停其作业资格，进行重新培训和考核，考核合格后方可重新上岗。

安全意识培养贯穿于培训与教育的全过程。通过开展安全知识讲座、观看安全教育视频、组织安全知识竞赛等活动，不断强化作业人员的安全意识。邀请专家进行安全知识讲座，讲解最新的安全法规、事故预防措施等知识；组织作业人员观看安全教育视频，通过真实的事故案例，让作业人员直观地感受安全事故的危害；开展安全知识竞赛，激发作业人员学习安全知识的积极性，提高安全意识和自我保护能力。定期对作业人员进行安全意识考核，将考核结果与绩效挂钩，促使作业人员时刻保持高度的安全意识。

第四章　特种车辆安全检验与管理

第一节　特种车辆概述

一、特种车辆的应用领域

特种车辆凭借其独特的功能和强大的适应性，广泛应用于油田、煤矿、消防、医疗等众多领域，在保障各行业的生产安全和高效运作方面发挥着不可或缺的关键作用。

在油田领域，特种车辆是保障原油开采、运输和生产的重要装备，涵盖了多种类型，每种都承担着独特而关键的任务。压裂车作为油田特种车辆中的关键设备，在油井增产作业中发挥着核心作用。它通过向地层注入高压、大排量的压裂液，使地层形成裂缝，从而提高油气层的渗透率，增加原油的开采量。在实际作业中，压裂车需要具备强大的压力输出能力和稳定的运行性能，以确保压裂作业的顺利进行。据统计，在采用压裂技术的油井中，原油产量平均可提高 30%—50%。水泥车则主要用于固井作业，将水泥浆注入井壁与套管之间的环形空间，形成坚固的水泥环，封隔地层，保护套管，为油井的长期稳定生产提供保障。地锚车用于在油田作业现场固定井架，为钻井、修井等作业提供稳定的支撑，以确保作业的安全进行。罐车负责运输各种液体物资，如原油、压裂液、化学药剂等，以保证油田生产过程中的物资供应。这些特种车辆的协同作业，极大地提高了油田开采的效率和安全性，保障了原油的稳定生产。

在煤矿行业，特种车辆在井下作业和煤炭运输中扮演着至关重要的角色。

无轨胶轮车作为井下运输的主力车型之一，具有载重能力大、运行速度快、机动灵活、爬坡度大等优点，能够在复杂的井下巷道中高效运输煤炭、设备和人员，从真正意义上解决了煤矿辅助运输的瓶颈问题，大幅度地减少了辅助运输人员，降低了井下作业人员的劳动强度，提高了矿井的辅助运输效率。支架搬运车则专门用于搬运井下综采工作面的液压支架，这些支架体积庞大、重量沉重，普通车辆无法胜任搬运工作。支架搬运车采用特殊的设计和强大的动力系统，能够安全、高效地将支架运输到指定位置，为综采工作面的正常生产提供保障。在一些大型煤矿中，使用支架搬运车后，综采工作面的设备安装和回撤时间缩短了30%以上，大大提高了生产效率。此外，还有用于运输煤炭的矿用卡车、进行巷道修复和维护的工程车辆等，它们共同构成了煤矿生产的运输保障体系，以确保煤炭的顺利开采和运输。

在消防领域，特种车辆是火灾扑救和应急救援的核心力量，种类繁多，功能各异。消防车是最为常见的消防特种车辆，根据不同的灭火需求和功能特点，又可细分为水罐消防车、泡沫消防车、干粉消防车、登高平台消防车、抢险救援消防车等。水罐消防车主要装备水罐和消防水泵，通过喷射大量的水来扑灭一般固体物质火灾；泡沫消防车则配备了泡沫液储罐和泡沫比例混合装置，能够喷射泡沫混合液，有效扑灭油类等易燃液体火灾；干粉消防车装载干粉灭火剂，适用于扑救可燃气体、电气设备等火灾；登高平台消防车具有可升降的工作平台，能够快速到达高处，进行灭火和救援作业，为高层建筑火灾的扑救提供了重要手段；抢险救援消防车配备了各种抢险救援设备，如破拆工具、生命探测仪等，用于在火灾现场和其他灾害事故中进行抢险救援工作。这些消防车在火灾发生时，能够迅速响应，第一时间赶到现场，利用各自的功能优势，有效地控制火势，抢救生命财产，最大限度地减少火灾造成的损失。

在医疗急救领域，救护车是保障患者生命安全的重要交通工具，承担着快速转运患者和提供紧急医疗救治的重任。救护车内部配备了先进的医疗设备，如心电监护仪、除颤仪、呼吸机、氧气瓶、急救药品等，能够在转运途中对患者进行实时监护和紧急治疗，为患者的后续救治争取宝贵的时间。在一些紧急情况下，如急性心肌梗死、严重创伤等，救护车的快速响应和及时救治往往能够决定患者的生死存亡。据统计，在城市急救体系中，救护车的平均响应时间每缩短一分钟，患者的生存率就可能提高10%—15%。此外，还有一些特殊用途的医疗特种车辆，如移动医院车、献血车等，它们为医疗服务的拓展和延伸提供了便利，满足了不同的医疗需求。

二、特种车辆安全的重要性

特种车辆安全，作为一个涉及人员生命、生产运营和企业效益的关键因素，在各个行业中都占据着举足轻重的地位，其重要性不容忽视。

（一）人员生命安全是特种车辆安全最为核心的关注点。

由于特种车辆常常活跃于各类复杂且危险的工作环境中，一旦发生安全事故，极有可能对驾驶员、现场作业人员以及周边群众的生命安全构成直接威胁，导致严重的人员伤亡后果。在油田开采作业中，压裂车、水泥车等特种车辆若因设备故障、操作失误或安全措施不到位等原因引发爆炸、火灾或车辆失控等事故，不仅会使车内驾驶员面临生命危险，还可能波及周围正在进行作业的其他人员，造成大量人员伤亡，给众多家庭带来无法弥补的痛苦和损失。在煤矿井下作业中，无轨胶轮车、支架搬运车等特种车辆若出现故障或违规操作，可能导致车辆侧翻、碰撞等事故，井下空间狭窄，救援难度大，极易造成人员被困和伤亡。在消防救援现场，消防车若因安全问题无法正常发挥灭火和救援功能，将直接影响火灾扑救和人员救援的效果，使被困人员失去宝贵的逃生机会，生命安全受到严重威胁。相关统计数据显示，近年来，因特种车辆安全事故导致的人员伤亡数量呈上升趋势，这无疑给社会和家庭带来了沉重的负担。因此，确保特种车辆的安全运行，是保障人员生命安全的关键举措，对于维护社会稳定和家庭幸福具有重要意义。

（二）生产活动的顺利进行也高度依赖于特种车辆的安全。

在众多行业中，特种车辆是生产流程中不可或缺的关键环节，承担着物资运输、设备作业等重要任务。一旦特种车辆发生安全事故，导致车辆损坏或无法正常运行，将不可避免地引发生产中断，进而影响整个生产计划的顺利推进，造成巨大的经济损失。在油田领域，罐车若出现泄漏、故障等安全问题，无法及时运输原油或其他物资，将导致油田生产环节的物料短缺，影响原油的开采和加工进度，给油田企业带来严重的经济损失。在煤矿行业，特种车辆若在运输煤炭或设备过程中发生事故，可能导致井下作业被迫停止，这不仅影响煤炭的生产和销售，还可能引发一系列连锁反应，增加企业的运营成本。在建筑工程领域，起重机、混凝土泵车等特种车辆若出现安全故障，将导致工程施工进度受阻，延误工期，增加工程建设成本，甚至可能影响工程质量。相关研究表明，一次因特种车辆安全事故导致的生产中断，平均会给企业带来数百万元甚至上千万元的经济损失。因此，保障特种车辆的安全，是确保生产活动顺利进行、提高企业生产效率和经济效益的重要前提。

（三）企业效益与特种车辆安全紧密相连。

安全事故的发生不仅会导致直接的经济损失，如车辆维修费用、事故赔偿费用、生产中断造成的经济损失等，还会对企业的声誉和市场形象产生负面影响，间接影响企业的经济效益和可持续发展能力。当企业发生特种车辆安全事故时，可能会引起客户、合作伙伴和社会公众的关注和担忧，降低他们对企业的信任度和认可度，从而影响企业的业务拓展和市场份额。一些客户可能会因为担心企业的安全管理水平而选择与其他企业合作，导致企业失去业务机会。企业为了应对安全事故，还可能需要投入大量的人力、物力和财力进行事故调查、处理和整改，以进一步增加企业的运营成本。此外，安全事故还可能导致企业面临法律风险和监管处罚，给企业带来更大的损失。因此，加强特种车辆安全管理，降低事故发生率，对于提升企业的经济效益和市场竞争力具有重要作用。

第二节　特种车辆车身结构拓扑优化设计

一、拓扑优化理论基础

结构拓扑优化作为现代结构优化设计领域的关键组成部分，是一种极具创新性和挑战性的优化方法，旨在根据给定的约束条件、载荷工况以及优化目标，在特定的设计区域内探寻材料的最佳分布形式，从而实现结构性能的最大化提升。它与传统的尺寸优化和形状优化有所不同，尺寸优化主要是对结构的几何尺寸参数，如板厚、梁的截面尺寸等进行调整，以满足特定的设计要求；形状优化则侧重于改变结构件的外形轮廓或内部几何形状，如对凸台过渡倒角的形状进行优化，以提高结构的性能。而拓扑优化以材料分布为核心优化对象，致力于在均匀分布材料的设计空间中找到最为理想的材料分布方案，能够从根本上改变结构的拓扑形态，为结构设计提供了更广阔的创新空间和更多的设计自由度。

在实际应用中，拓扑优化可以帮助工程师在设计初期就充分考虑结构的功能需求和性能要求，通过合理的分配材料，去除不必要的材料部分，保留关键承载部位的材料，从而使结构在满足强度、刚度、稳定性等性能指标的前提下，实现重量的最小化或其他性能目标的优化。以汽车车身结构设计为例，传统的设计方法往往是在已有的车身框架基础上进行尺寸和形状的调整，虽然能够在一定程度上改善车身的性能，但受到结构拓扑形式的限制，优化效果存在一定的局限性。而采用拓扑优化方法，工程师可以从整个设计空间出发，让计算机根据设定的优化目标和约束条件，自动寻找最优的材料分布方案，从而可能得到一种全新的、更合理的车身拓扑结构，这不仅能够减轻车身重量，提高燃油经济性，还能增强车身的整体性能和安全性。

目前，连续体结构拓扑优化方法主要包括变密度法、均匀化法、渐进结构优化法以及水平集法等。变密度法通过人为地假设材料的宏观物理常数与其密度间存在非线性关系，将连续体离散为有限元模型后，把每个单元内的密度设定为相同，并以每个单元的密度作为设计变量，以结构的柔顺性最小为目标函数，同时考虑材料质量约束（或体积约束）和平衡条件。在优化过程中，通过调整单元密度，使材料在设计区域内重新分布，逐渐形成最优的拓扑结构。例如，在某特种车辆车架的拓扑优化设计中，运用变密度法，将车架离散为有限元模型，以车架的整体刚度最大为目标，同时限制车架的质量不超过一定范围，通过多次迭代计算，得到了车架材料的最优分布方案，在保证车架强度和刚度的前提下，成功实现了车架的轻量化设计。

均匀化法的基本思想是在组成拓扑结构的材料中引入微单元结构，给定设计区域，该区域内由许多带有孔洞的微单元组成。在优化过程中，设计区域保持不变，微单元的孔洞大小可以改变。如果某一部分区域的微单元全部成为孔洞，那么这部分区域便被从设计区域上“移走”，从而形成一个大孔洞；反之，若某部分区域上微单元的孔洞全部消失，则这部分区域便组成“实体结构”。通过这种方式，在初始设计结构上均匀分布的材料实现了重新分配，形成新的、在一定条件下的最优拓扑结构。该方法最早应用于水利建筑结构工程中的重力坝断面最优化问题，后来逐渐推广到其他领域。在航空航天领域，对于一些对重量和性能要求极高的零部件，如飞机机翼的结构设计，均匀化法可以帮助工程师设计出既能满足强度和刚度要求，又具有最轻重量的机翼结构，以提高飞机的飞行性能和燃油效率。

渐进结构优化法根据单元灵敏度及应力值等参数，评估并逐步删除低效能材料单元，从而输出最优拓扑结构。在优化过程中，首先对结构进行有限元分析，计算每个单元的灵敏度和应力值，然后根据一定的准则，如单元的应变能密度、应力水平等，判断哪些单元对结构性能的贡献较小，将这些单元逐步删除。随着低效能单元的不断删除，结构的拓扑形式逐渐优化，最终得到满足设计要求的最优拓扑结构。这种方法具有计算简单、易于实现的优点，在一些工程结构的拓扑优化设计中得到了广泛应用。例如，在某桥梁结构的拓扑优化设计中，采用渐进结构优化法，根据单元的应变能密度大小，逐步删除应变能密度较小的单元，经过多次迭代后，得到了一种更加合理的桥梁拓扑结构，在保证桥梁承载能力的同时，减少了材料的使用量，降低了桥梁的建设成本。

水平集法是一种基于偏微分方程的拓扑优化方法，它通过水平集函数来描述结构的边界，将拓扑优化问题转化为水平集函数的演化问题。在优化过程中，根据结构的性能指标和约束条件，构造相应的能量泛函，通过求解水平集函数的偏微分方程，使水平集函数不断演化，从而实现结构拓扑的优化。水平集法具有能够精确描述结构边界、处理复杂形状和拓扑变化的优点，在一些对结构形状和拓扑要求较高的工程领域，如生物医学工程中的植入物设计、航空发动机叶片的优化设计等，得到了越来越多的应用。例如，在设计人工髋关节植入物时，利用水平集法，可以根据人体骨骼的力学性能要求和生理结构特点，优化植入物的拓扑结构，使其更好地与人体骨骼相匹配，以提高植入物的使用寿命和患者的生活质量。

二、特种车辆车身结构特点分析

特种车辆车身结构在诸多方面展现出与普通车辆截然不同的特点，这些特点与特种车辆所承担的特殊任务和作业环境密切相关，深刻影响着车辆的性能表现。

在整体布局方面，特种车辆为满足特定作业需求，往往采用独特的设计。以消防车为例，为搭载各类消防设备和器材，如大容量的水罐、泡沫罐，以及种类繁多的灭火器具、抢险救援工具等，其车身通常设计得较为庞大且紧凑，内部空间经过精心规划，以确保设备的合理安置和快速取用。在一些大型消防车中，水罐和泡沫罐占据了车身的大部分空间，并且通过合理的管道连接和控制系统，能够实现快速的灭火液喷射。为了保证在紧急情况下能够迅速展开救援工作，消防车上的各类设备都布置在易于操作的位置，驾驶员和消防员能够在短时间内完成设备的启动和使用。而油罐车的车身布局则围绕油罐展开，油罐通常采用圆柱形或椭圆形设计，以适应液体运输的需求，并且配备了完善的防泄漏、防静电装置，以确保运输过程的安全。油罐车的驾驶室与油罐之间保持一定的安全距离，以防止在发生意外时对驾驶员造成伤害。同时，油罐车上还安装了液位计、安全阀等设备，用于监测油罐内液体的液位和压力，以保障运输过程的安全稳定。

特种车辆的车身材料也具有特殊性。为了满足高强度、轻量化、耐腐蚀等性能要求，特种车辆常选用高强度合金钢、铝合金、复合材料等新型材料。高强度合金钢具有较高的强度和韧性，能够承受较大的载荷和冲击力，常用于制造特种车辆的车架、底盘等关键部件，如重型卡车的车架通常采用高强度合金钢制造，以保证车辆在重载情况下的结构强度和稳定性。铝合金具有密度小、强度较高、耐腐蚀等优点，在特种车辆车身制造中得到广泛应用，如一些高端救护车的车身采用铝合金材料，不仅减轻了车身重量，提高了燃油经济性，还增强了车身的耐腐蚀性，延长了车辆的使用寿命。复合材料则具有优异的综合性能，如碳纤维复合材料具有高强度、低密度、高刚度等特点，常用于制造特种车辆的车身覆盖件、零部件等，能够在减轻重量的同时提高结构的性能。在航空航天领域的特种车辆中，碳纤维复合材料被大量应用，以满足对车辆轻量化和高性能的严格要求。

车身的连接方式在特种车辆中也至关重要。特种车辆通常采用焊接、铆接、螺栓连接等多种连接方式，并且对连接部位的强度和密封性有严格要求。焊接连接具有连接强度高、密封性好等优点，常用于车身结构件的连接，如车架的焊接，能够保证车架的整体强度和稳定性。在焊接过程中，需要严格控制焊接工艺参数，确保焊接质量，避免出现焊接缺陷，如气孔、裂纹等。铆接连接则具有连接可靠、便于拆卸等特点，常用于车身覆盖件的连接，如车门、车厢板等。铆接时，需要选择合适的铆钉和铆接工艺，以保证连接的牢固性。螺栓连接则常用于需要经常拆卸和维修的部件的连接，如发动机、变速器等。在螺栓连接中，需要注意螺栓的拧紧力矩，以确保连接的可靠性。此外，对于一些有密封要求的部位，如油罐车的油罐接口、消防车的水罐接口等，还需要采用密封胶、密封圈等密封措施，以保证连接部位的密封性，防止液体泄漏。

这些车身结构特点对特种车辆的性能产生了多方面的显著影响。在强度和刚度方面，合理的车身结构设计和材料选择能够确保特种车辆在承受各种复杂载荷和恶劣工况时，保持良好的结构完整性和稳定性，不易发生变形或损坏。在油田作业中，特种车辆需要在崎岖不平的道路上行驶，同时还要承受设备的振动和冲击，高强度的车身结构能够保证车辆在这种恶劣环境下正常运行。在一辆经常在油田野外行驶的压裂车上，由于其车身采用了高强度合金钢制造，并且经过了优化设计，在多年的使用过程中，车身结构依然保持完好，没有出现明显的变形和损坏，从而保证了压裂作业的顺利进行。在轻量化方面，采用新型材料和优化的结构设计能够有效减轻车身重量，提高车辆的燃油经济性和动力性能。轻量化的车身还可以减少对道路的磨损，降低运营成本。在物流运输领域，一些采用铝合金车身的厢式货车，相比传统的钢制车身，重量减轻了 20%—30%，燃油消耗降低了 10%—15%，同时提高了车辆的装载能力和运输效率。在安全性方面，合理的车身结构和可靠的连接方式能够提高特种车辆的碰撞安全性和抗翻滚能力，有效保护驾驶员和乘客的生命安全。在发生碰撞事故时，车身结构能够有效地吸收和分散能量，减少对车内人员的伤害。在一些特种救援车辆中，车身采用了特殊的吸能结构设计，在发生碰撞时，能够通过结构的变形吸收能量，以保护车内救援人员的安全。

三、拓扑优化设计流程与方法

特种车辆车身结构拓扑优化设计是一个系统且严谨的过程，需要遵循特定的流程和方法，以确保设计结果的科学性和有效性。

建立精确的模型是拓扑优化设计的首要任务。在这个阶段，需要全面收集特种车辆的相关信息，包括车身的几何形状、尺寸参数、材料属性等。利用先进的三维建模软件，如 SolidWorks、CATIA 等，构建出逼真的车身三维模型，为后续的分析和优化提供坚实的基础。在建立油罐车车身模型时，要准确描绘出油罐的形状、尺寸以及与车身其他部分的连接方式，同时考虑油罐车在运输过程中可能承受的各种载荷，如液体的晃动、车辆的振动等，以确保模型能够真实反映油罐车的实际工作状态。为了使模型更符合实际情况，还需对模型进行合理的简化和理想化处理，去除一些对结构性能影响较小的细节特征，如微小的倒角、圆角等，以减少计算量，提高计算效率。但在简化过程中，要注意保留关键的结构特征和连接部位，以确保模型的准确性和可靠性。

完成模型构建后，需合理设置约束和载荷条件。约束条件主要用于限制车身结构的位移、变形等，以确保结构在工作过程中的稳定性和安全性。在特种车辆车身结构拓扑优化设计中，常见的约束条件包括位移约束、应力约束、模态约束等。位移约束可以限制车身在特定方向上的位移，防止结构因过度变形而失效；应力约束则可以确保车身结构在承受载荷时，应力水平不能超过材料的许可应力，避免出现应力集中和破坏现象；模态约束可以控制车身的固有频率，防止在工作过程中发生共振，影响车辆的性能和安全。

载荷条件的设置则要充分考虑特种车辆在实际工作中可能承受的各种外力。这些载荷包括静态载荷和动态载荷，静态载荷如车辆自身的重力、货物的重量等，动态载荷如行驶过程中的路面不平引起的振动载荷、加速和制动时产生的惯性力、转弯时的离心力等。对于消防车来说，在灭火作业时，水枪喷射水流产生的反作用力也是一种重要的载荷，需要在设计中予以考虑。在设置载荷条件时，要根据实际情况确定载荷的大小、方向和作用位置，尽可能准确地模拟车辆在各种工况下的受力情况。

明确优化目标是拓扑优化设计的核心环节之一。在特种车辆车身结构拓扑优化设计中，常见的优化目标有重量最小化、刚度最大化、强度最大化等。重量最小化的目标是在保证车身结构性能的前提下，尽可能减少车身的重量，以提高车辆的燃油经济性和动力性能。对于一些需要长途运输或频繁行驶的特种车辆，如物流运输车辆、救护车等，减轻车身重量可以降低能耗，提高运输效率。刚度最大化的目标是增强车身结构的抗变形能力，以确保在承受各种载荷时，车身结构能够保持良好的形状和尺寸稳定性。对于一些对精度要求较高的特种车辆，如精密仪器运输车辆、测量车等，提高车身刚度可以保证仪器设备的正常工作。强度最大化的目标是使车身结构在承受最大载荷时，不发生破坏或失效，以确保车辆的安全性。对于一些在恶劣环境下工作的特种车辆，如矿山作业车辆、工程抢险车辆等，提高车身强度可以增强车辆的可靠性和耐久性。在实际设计中，可能需要根据车辆的具体使用要求和性能指标，综合考虑多个优化目标，通过合理的权重分配，将多个目标转化为一个综合目标函数，以实现车身结构的最优设计。

拓扑优化计算是整个设计过程的关键步骤。在完成模型建立、约束和载荷设置以及优化目标确定后，运用专业的拓扑优化软件，如 Optistruct、Tosca 等，进行拓扑优化计算。这些软件通常采用先进的算法，如变密度法、均匀化法等，对车身结构进行迭代计算，不断调整材料的分布，以寻求满足优化目标的最优拓扑结构。在计算过程中，需要设置合适的计算参数，如迭代次数、收敛精度等，以确保计算结果的准确性和可靠性。同时，要密切关注计算过程的进展情况，及时发现和解决可能出现的问题，如计算不收敛、结果异常等。

优化结果分析与验证是拓扑优化设计的最后一个重要环节。对计算得到的优化结果进行深入分析，检查优化后的车身结构是否满足设计要求和性能指标。通过查看优化后的拓扑结构，分析材料的分布是否合理，关键部位的强度、刚度是否满足要求。利用有限元分析软件，对优化后的车身结构进行力学性能分析，如应力分析、应变分析、模态分析等，验证结构的性能是否得到了有效提升。在分析过程中，如果发现优化结果存在问题，如某些部位的应力集中过大、刚度不足等，需要根据分析结果对优化模型进行调整和改进，重新进行优化计算，直到得到满意的设计结果为止。

四、优化设计对车辆性能提升的影响

拓扑优化设计作为一种先进的结构设计方法，在特种车辆车身结构设计中具有显著优势，能够对车辆的多个性能维度产生积极而深远的影响，为提升车辆的整体性能提供强大助力。

在提升车身刚度方面，拓扑优化设计通过对材料分布的优化，能够使车身结构在承受各种载荷时，更有效地抵抗变形，从而显著增强车身的刚度。传统的车身结构设计往往存在材料分布不合理的情况，导致部分区域的材料利用率较低，而关键受力部位的刚度不足。通过拓扑优化，能够精准地确定材料在车身结构中的最佳分布位置和方式，在不增加过多材料的前提下，提高车身的整体刚度。在某特种工程车辆的车身结构拓扑优化设计中，通过优化材料分布，使车身在弯曲和扭转工况下的刚度分别提高了 20% 和 35%，有效减少了车身在作业过程中的变形，提高了车辆的稳定性和可靠性。这不仅有助于保证车辆在复杂工况下的正常运行，还能延长车身结构的使用寿命，以此降低维修成本。

重量降低是拓扑优化设计带来的另一重要优势。在满足车身强度和刚度要求的基础上，拓扑优化能够去除车身结构中不必要的材料，实现车身的轻量化设计。轻量化的车身对于特种车辆具有多重好处，首先，能够降低车辆的能耗，提高燃油经济性。对于需要长时间行驶或在能源有限的环境下作业的特种车辆，如油田运输车辆、野外勘探车辆等，燃油经济性的提高意味着能够减少加油次数，降低运营成本，提高工作效率。其次，减轻车身重量还可以提升车辆的动力性能，使车辆在加速、爬坡等方面表现更出色。对于一些对机动性要求较高的特种车辆，如消防车、救护车等，动力性能的提升能够使其更快地到达作业现场，争取宝贵的救援时间。某采用拓扑优化设计的物流运输特种车辆，车身重量减轻了 15%，燃油消耗降低了 12%，同时车辆的加速性能和爬坡能力也得到了明显改善。

安全性的提升也是拓扑优化设计的重要成果之一。优化后的车身结构能够更有效地吸收和分散碰撞能量，提高车辆的碰撞安全性。在发生碰撞事故时，合理的材料分布和结构形式能够使车身结构按照预定的方式变形，将碰撞能量分散到整个车身结构中，避免能量集中在局部区域，从而减少对车内人员的伤害。拓扑优化还可以增强车身的抗翻滚能力，降低车辆在行驶过程中发生翻滚事故的风险。对于一些重心较高或在复杂路况下行驶的特种车辆，如油罐车、高空作业车等，抗翻滚能力的提升至关重要。在某特种救援车辆的设计中，通过拓扑优化增强了车身的抗翻滚结构，经过模拟碰撞试验和实际测试，车辆在发生碰撞和翻滚时，车内模拟假人的伤害指标明显降低，有效保障了救援人员的生命安全。

燃油经济性与车身重量和车辆的行驶阻力密切相关。拓扑优化设计实现的车身轻量化，能够直接降低车辆的行驶阻力，减少发动机的负荷，从而降低燃油消耗。较轻的车身在加速和行驶过程中需要的能量更少，发动机可以在更高效的工况下运行，进一步提高燃油经济性。优化后的车身结构还可以改善车辆的空气动力学性能，降低风阻系数，减少空气阻力对车辆行驶的影响，从而降低燃油消耗。某经过拓扑优化设计的特种车辆，在保持原有作业能力的前提下，风阻系数降低了 8%，燃油经济性提高了 10% 以上，这对于长期运行的特种车辆来说，能够节省大量的燃油成本，具有显著的经济效益。

第三节　油田特种车辆的维修和安全管理

一、油田特种车辆的类型与特点

油田特种车辆是保障油田勘探、开采、运输等各项作业顺利进行的关键装备，种类丰富，功能各异，每一种类型都在油田生产中扮演着不可或缺的角色。

压裂车是油田增产作业的核心设备，主要用于向地层注入高压、大排量的压裂液，使地层形成裂缝，从而提高油气层的渗透率，增加原油产量。其工作原理基于帕斯卡定律，通过强大的液压系统将压裂液以极高的压力注入油井。压裂车通常具备大功率的发动机，以提供足够的动力驱动高压泵，其压力输出可高达 70MPa 甚至更高，排量也能达到每分钟数立方米。在实际作业中，压裂车需要与混砂车、管汇车等协同工作，混砂车将压裂液和支撑剂按比例混合后输送给压裂车，压裂车再将混合液注入井中，管汇车则负责连接和控制各个设备之间的管路。压裂车对作业环境的适应性要求极高，在沙漠、山区等地形复杂的油田，需要具备良好的越野性能和稳定性，以确保在恶劣路况下能够正常行驶和作业。

水泥车主要用于固井作业，将水泥浆注入井壁与套管之间的环形空间，形成坚固的水泥环，封隔地层，保护套管，为油井的长期稳定生产提供保障。水泥车一般配备有水泥搅拌装置、输送泵和控制系统。水泥搅拌装置能够将水泥、添加剂和水按照一定比例充分混合，制成符合要求的水泥浆。输送泵则负责将水泥浆以一定的压力和流量输送到井中。控制系统可以精确控制水泥浆的混合比例、输送压力和流量等参数，确保固井质量。在一些高温、高压的油井中，水泥车需要使用耐高温、高压的水泥和添加剂，以满足特殊的固井要求。

油罐车是油田液体运输的主要工具，用于运输原油、成品油、化工原料等各种液体物资。油罐车的罐体通常采用优质钢材制造，具有良好的密封性和耐腐蚀性。根据运输物资的不同，罐体内部可能会进行特殊的防腐处理，如涂覆防腐涂层等。油罐车的容量大小不一，从小型的几立方米到大型的几十立方米不等，以满足不同的运输需求。为了确保运输安全，油罐车配备了完善的安全装置，如防火、防静电设施，紧急切断阀等。在运输过程中，油罐车需要严格遵守相关的安全规定，如限速行驶、避免急刹车和急转弯等，以防止液体晃动引发事故。

井架车用于安装和拆卸油井井架，是油田钻井作业的重要设备。井架车通常具有高大的起重臂和强大的起升能力，能够将沉重的井架部件准确地吊运到指定位置。起重臂的长度和起升高度根据不同的井架类型和作业要求而有所不同，一般可达到几十米甚至上百米。井架车的起升机构采用先进的液压技术，具有平稳、可靠的特点，能够实现精确的定位和操作。在作业时，井架车需要在井场的狭小空间内灵活移动，因此对其机动性和稳定性要求较高。

地锚车主要用于在油田作业现场固定井架，为钻井、修井等作业提供稳定的支撑。地锚车通过将地锚打入地下，然后利用地锚与井架之间的连接装置，将井架牢固地固定在地面上。地锚车的工作效率直接影响到油田作业的进度，因此需要具备快速、准确的地锚安装能力。其配备的地锚驱动装置能够产生强大的动力，将地锚快速打入地下，并且能够根据不同的地质条件进行调整。地锚车还需要具备良好的越野性能，以便在各种复杂的井场环境中顺利到达作业位置。

二、维修管理存在的问题及应对措施

在油田特种车辆的维修管理中，存在着一些不容忽视的问题，这些问题严重影响着车辆的正常运行和油田生产的顺利进行。

重使用轻维护的现象较为普遍，许多操作人员为追求短期作业目标，常常让处于“亚健康”状态的车辆继续工作。这种做法不仅加剧了车辆的损坏程度，导致设备过早出现故障，增加维修成本和难度，还可能使短期作业目标无法按时完成，降低现场作业的安全性，对人员和生产造成潜在威胁。在某次油田压裂作业中，为了赶进度，压裂车在已经出现发动机异常抖动、液压系统轻微渗漏等问题的情况下，依然被强制投入使用。结果在作业过程中，发动机突然熄火，液压系统完全失灵，导致压裂作业被迫中断，不仅延误了工期，还造成了一定的经济损失。

液压技术在油田特种车辆管理中应用广泛，但也带来了严重的污染问题。液压设备的流体流动阻力和泄漏较大，若未得到妥善处理，就可能引发大范围的油液污染。油液污染不仅会威胁驾驶操作人员的人身安全，对周围环境造成污染，还会影响液压系统本身的正常工作，引发设备故障。如某油田特种车辆维修车间，由于液压设备的油管老化破裂，大量液压油泄漏，不仅污染了车间地面和周边环境，还导致维修工作无法正常进行。泄漏的液压油还可能使操作人员滑倒受伤，存在较大的安全隐患。

维修管理制度不够完善，缺乏规范的报修程序和严格的维修过程管理。在车辆报修时，存在信息不明确、流程不清晰的问题，导致维修工作延误。在维修过程中，对维修质量的监督和检验不到位，维修人员的技术水平参差不齐，使得一些车辆维修后仍存在安全隐患，容易在使用过程中出现故障。一些油田特种车辆在维修后，由于维修人员未严格按照维修标准进行操作，导致车辆在运行过程中出现制动失灵、转向异常等问题，严重威胁到驾驶员和其他人员的生命安全。

针对这些问题，应采取一系列有效的应对措施。对于需零修、小修的特种车辆，驾驶员应及时通报车属单位，经车属单位鉴定确认后，由安技员在《小修保修跟踪表》上签字，然后按照相应流程办理维修手续。对于大修、三保的特种车辆，在报请车属单位鉴定确认后，由副主管在《三保大修申请表》上签字，并送交设备部进行鉴定确认，经主管和部长审批通过后，方可按照相关流程办理维修业务。对于故障较复杂、车属单位无法承修的车辆，需通过外委汽车厂家进行修理。此时，应由经理在《车辆维修申报单》上签字、确认、存根，并送交由设备部抽调组成的多人（不得少于 3 人）技术鉴定小组进行鉴定确认，经主管副总经理批准后，根据车辆的故障情况安排合适的外委汽修厂进行维修。外出执勤车辆如果发生故障，需就地维修的，可在得到主管副总经理的批准后，由设备部就近安排一家临时外委汽修厂进行维修。通过规范报修程序，明确各方责任和流程，能够确保车辆及时得到维修，提高维修效率。

加强维修过程管理至关重要。车辆在维修期间，一律交由设备部管理。设备部要对维修过程进行全面记录和跟踪监测，详细记录维修的时间、进度、维修质量以及维修费用等信息。在车辆维修完成后，设备部还应对其进行工作中的监测，以确保车辆正常运行，如发生异常情况应及时解决并做好记录。维修部要保证维修的速度和质量，不能耽误油田的生产工作。在工作生产中一旦出现故障，维修部人员应当立即赶赴故障现场进行及时抢修。维修部还应注重维修技术人员的专业技术培训，提高其技术水平，以便在特种车辆出现故障时，能够及时有效地进行处理。通过加强维修过程管理，能够提高维修质量，以确保车辆维修后能够安全可靠地运行。

为了从根本上解决重使用轻维护的问题，需要加强对操作人员的培训和教育，提高他们的安全意识和维护意识。定期组织操作人员参加安全培训和技术培训，让他们了解车辆的正确使用方法和维护要点，认识到重使用轻维护的危害。建立健全车辆维护保养制度，明确维护保养的周期、内容和标准，要求操作人员严格按照制度进行车辆的维护保养。对违反维护保养制度的操作人员进行严肃处理，以确保制度的严格执行。通过加强培训和教育，建立健全维护保养制度，能够促使操作人员养成良好的维护习惯，延长车辆的使用寿命，提高车辆的安全性和可靠性。

针对液压技术污染问题，应加强对液压设备的维护和管理。定期检查液压设备的油管、接头、密封件等部件，及时更换老化、损坏的部件，防止油液泄漏。安装高效的油液过滤装置，定期对液压油进行过滤和检测，保证油液的清洁度，减少油液污染对设备的影响。制定完善的油液污染应急预案，一旦发生油液泄漏和污染事故，能够迅速采取措施进行处理，降低事故损失。通过加强对液压设备的维护和管理，能够有效减少液压技术污染问题的发生，保障车辆的安全运行和作业环境的安全。

三、安全管理策略与制度建设

建立健全安检制度，是确保油田特种车辆安全运行的重要保障。安检制度应涵盖出车前、行驶中及回场后的全方位检查。出车前，驾驶员需对车辆进行细致的巡回检查，重点检查车辆的制动系统、转向系统、轮胎、灯光等关键部位，以确保车辆处于良好的运行状态。在某次出车前检查中，驾驶员发现车辆的制动片磨损严重，及时进行了更换，避免了在行驶过程中出现制动失灵的危险情况。行驶中，当车辆在井下行驶 30—60km 后，应进行停车巡回检查，检查车辆的各部件是否正常工作，有无异常响声、异味等情况。回场后，对车辆进行全面检查，包括车辆的外观、内部设备、油水液位等，及时发现车辆运行后的隐患并进行排除。基层车队还应做好节前检查、换季检查、专项检查等，确保车辆在各种特殊时期和工况下的安全运行。在节前检查中，对车辆的消防设备、应急救援工具等进行检查，以确保在节假日期间车辆能够应对突发情况。

完善日常维护制度对于延长油田特种车辆的使用寿命、保证其性能稳定至关重要。驾驶员应依据特种车辆维护保养指南，认真做好车辆的日常维护保养工作，尤其是台上部分，必须按照维护保养间隔时间定期进行维护保养，使车辆的技术性能达到标准要求。日常维护保养主要包括调整、润滑、紧固、清洁等工作。调整车辆的各项参数，如轮胎气压、制动间隙等，确保车辆的性能处于最佳状态；对车辆的各润滑点进行润滑，减少零部件的磨损；紧固车辆的各个连接部位，防止松动；做好车身和车辆内部的清洁工作，保持车辆的整洁。基层车队的设备管理人员要做好强制性保养，即一级维护、二级维护、车辆大修等，绝不能存有拼设备、保生产的短期行为心理。在二级维护中，对车辆的发动机、变速器、底盘等重要部件进行全面检查和维护，更换磨损的零部件，确保车辆的整体性能。

加强人员培训与安全意识教育是提升油田特种车辆安全管理水平的关键环节。定期组织驾驶员参加安全生产法律法规、交通安全知识、车辆操作技能等方面的培训，提高驾驶员的安全意识和操作水平。通过培训，让驾驶员了解相关法律法规的要求，掌握安全驾驶的技巧和方法，熟悉车辆的操作流程和注意事项。在交通安全知识培训中，讲解交通规则、事故预防措施等内容，提高驾驶员的交通安全意识。开展安全事故案例分析，让驾驶员从实际案例中吸取教训，增强自我保护意识。定期组织驾驶员进行应急演练，提高驾驶员在突发情况下的应急处置能力。在应急演练中，模拟车辆起火、交通事故等场景，让驾驶员掌握灭火、救援等应急操作技能，提高应对突发事件的能力。

第四节 煤矿特种车辆辅助运输中安全管理

一、煤矿特种车辆辅助运输系统概述

煤矿特种车辆辅助运输系统作为煤矿生产中不可或缺的重要组成部分，承担着物料、设备和人员运输的关键任务，对煤矿的高效、安全生产起着举足轻重的作用。

该系统主要由井巷硐室和运输设备两大部分构成。井巷硐室涵盖了井筒、井底车场硐室、大巷、采区（盘区）上下山、工作面顺槽等多个关键地点的辅助运输环节，这些井巷硐室相互连接，形成了一个复杂而有序的运输网络，为特种车辆的运行提供了必要的空间和通道。运输设备则是该系统的核心组成部分，根据动力源的差异，可分为牵引式和自行式两类。牵引式设备如绳牵引和绞车，通过绳索的牵引作用来带动车辆运行，具有牵引力大、运输能力强的特点，常用于长距离、大运量的物料运输。自行式设备包括柴油机车、蓄电池机车、架线机车等，它们依靠自身的动力装置驱动车辆行驶，具有机动灵活、操作方便的优势，适用于短距离、频繁启停的运输任务。按照运行轨道方式的不同，运输设备又可分为有轨式和无轨式。有轨式设备在铺设的轨道上运行，具有运行平稳、安全可靠的优点，如地轨和天轨运输设备；无轨式设备则无需轨道，可在较为复杂的地形条件下自由行驶，具有较强的适应性和灵活性，如无轨胶轮车等。

在实际运输流程中，煤矿特种车辆辅助运输系统有着严格而有序的操作规范。当物料或设备需要运输时，首先由调度室根据生产需求和车辆的分布情况，

合理安排特种车辆前往指定地点装载货物。驾驶员在接到任务后，对车辆进行全面检查，确保车辆的制动系统、转向系统、灯光等关键部件处于良好状态，然后按照规定的路线行驶至装载点。在装载过程中，驾驶员要严格遵守操作规程，确保货物装载牢固、平衡，避免在运输过程中发生货物掉落等安全事故。装载完成后，驾驶员再次检查车辆和货物的状况，确认无误后，按照预定的路线驶向目的地。在行驶过程中，驾驶员要密切关注车辆的运行状态和路况，严格遵守交通规则和安全操作规程，以确保运输安全。到达目的地后，驾驶员要按照规定的程序进行卸载操作，将货物准确无误地交付给接收人员。

人员运输也是煤矿特种车辆辅助运输系统的重要任务之一。在人员运输过程中，同样要严格遵守安全规定。人员必须在指定的地点候车，按照顺序上车，不得拥挤、推搡。车辆在行驶过程中，要保持平稳，避免急刹车、急转弯等危险操作。到达目的地后，人员要按照驾驶员的指示有序下车，以确保人员运输的安全、高效。

以某大型煤矿为例，该煤矿采用了无轨胶轮车和轨道运输相结合的辅助运输系统。在大巷运输中，主要使用蓄电池机车牵引矿车进行物料运输，这种运输方式具有运行成本低、污染小的优点。在采区和工作面顺槽等狭窄区域，则使用无轨胶轮车进行设备和人员运输，无轨胶轮车的机动灵活性能够满足这些区域复杂地形的运输需求。通过这种合理的运输系统配置，该煤矿的辅助运输效率得到了显著提高，为煤矿的安全生产提供了有力保障。

二、安全管理的关键环节与要求

车辆准入是安全管理的首要关卡，必须严格把控。每一辆进入煤矿井下的特种车辆都应符合国家安全标准以及煤矿企业内部的相关规定，具备齐全的安全保护装置和可靠的制动、转向等系统。在车辆采购环节，要对车辆的生产厂家进行严格审核，以确保其具备良好的生产资质和质量信誉。对车辆的技术参数、安全性能等进行详细评估，选择符合煤矿运输需求的车辆。新购置的车辆必须经过严格的验收程序，包括车辆的外观检查、性能测试、安全装置检查等，以确保车辆质量合格。对于老旧车辆，要定期进行技术评估，对于不符合安全要求的车辆，要及时进行淘汰或升级改造。如某煤矿企业通过建立严格的车辆准入制度，对新购置的无轨胶轮车进行全面的安全性能检测，包括制动距离、转向灵活性、防爆性能等，确保车辆在投入使用前不存在安全隐患。在过去的一年里，该企业通过严格的车辆准入管理，有效降低了车辆故障发生率，提高了运输安全性。

道路设施是特种车辆安全运行的重要基础，必须确保其安全可靠。井下巷道应具备足够的宽度、高度和良好的平整度，以满足特种车辆的通行要求。巷道的坡度应符合相关规定，避免过大或过小，过大的坡度会增加车辆的行驶难度和安全风险，过小的坡度则会影响排水效果。在巷道的弯道、交叉路口等关键部位，应设置明显的警示标志和防护设施，如反光镜、警示灯、防护栏等，以提醒驾驶员注意安全。定期对巷道进行维护和检查，及时修复破损的路面和支护结构，以确保巷道的稳定性和安全性。某煤矿通过对井下巷道进行优化和改造，拓宽了部分狭窄巷道，改善了路面平整度，同时在弯道和交叉路口设置了先进的警示和防护设施，有效减少了车辆碰撞事故的发生。

运输管理规定是规范特种车辆运输行为的准则，必须严格遵守，并规划合理的运输路线。根据矿井的生产布局和运输需求，科学规划特种车辆的行驶路线，避免车辆在运输过程中出现交叉、拥堵等情况。对运输车辆进行合理调度，根据运输任务的紧急程度和车辆的实际情况，合理安排车辆的运行时间和顺序，提高运输效率。明确车辆的装载要求，严禁超载、超高、超宽等违规行为，以确保车辆在行驶过程中的稳定性和安全性。在车辆装载物料时，要确保物料摆放均匀、固定牢固，防止在运输过程中发生物料散落。如某煤矿就通过建立完善的运输管理系统，实现了对运输路线的优化和车辆的智能化调度。该系统根据矿井的实时生产情况和车辆的位置信息，自动规划最佳运输路线，并合理安排车辆的调度，有效提高了运输效率，降低了运输成本。同时，该煤矿还加强了对车辆装载的管理，通过安装车辆称重设备和监控系统，实时监测车辆的装载情况，杜绝了超载等违规行为的发生。

三、安全培训与事故预防措施

加强从业人员的安全培训是提升煤矿特种车辆辅助运输安全水平的重要举措。安全培训应涵盖安全生产法律法规、操作规程、应急处理等多个方面的内容。安全生产法律法规培训使从业人员了解国家和地方关于煤矿安全生产的相关法律规定，明确自己在工作中的权利和义务，增强法律意识，自觉遵守安全法规。在培训中，详细讲解《煤矿安全规程》《中华人民共和国安全生产法》等法律法规中与特种车辆辅助运输相关的条款，让从业人员清楚认识违规操作可能带来的法律后果。操作规程培训则针对不同类型的特种车辆，详细讲解其操作流程、注意事项和安全要点，使从业人员熟练掌握车辆的正确操作方法。通过实际操作演示、模拟演练等方式，让从业人员亲身体验车辆的操作过程，以加深对操作规程的理解和记忆。应急处理培训教授从业人员在遇到突发事故时如何正确应对，包括事故报告、现场急救、逃生方法等内容，提高从业人员的应急处置能力。开展火灾、车辆故障等应急演练，让从业人员在模拟场景中锻炼应急处理能力，以确保在实际事故发生时能够迅速、有效地采取措施，减少事故损失。

为确保培训效果，可采用多样化的培训方式，如课堂讲授、现场演示、案例分析、模拟演练等。课堂讲授由专业的安全培训讲师系统地讲解安全知识和技能，使从业人员对安全培训内容有全面的了解。现场演示在实际工作场所进行，由经验丰富的技术人员展示特种车辆的正确操作方法和维护技巧，让从业人员能够直观地学习和掌握。案例分析通过分析实际发生的安全事故案例，深入剖析事故原因，总结经验教训，让从业人员从中吸取教训，提高安全意识。模拟演练设置各种模拟事故场景，让从业人员在虚拟环境中进行应急处理操作，锻炼其应急处置能力和团队协作能力。

定期组织安全检查是及时发现并消除安全隐患的有效手段。检查内容应包括车辆的技术状况、道路设施的完好程度、运输管理规定的执行情况等。对车辆技术状况的检查，要重点检查车辆的制动系统、转向系统、灯光、轮胎等关键部件，以确保车辆性能良好，无安全隐患。在检查中，使用专业的检测设备对制动系统的制动距离、制动力进行检测，对转向系统的转向灵活性、间隙进行检查，对轮胎的磨损程度、气压进行测量。对道路设施的检查，要查看巷道的支护情况、路面平整度、警示标志和防护设施的设置情况等，以确保道路设施安全可靠。定期检查巷道的支护结构是否稳固，有无松动、垮塌的迹象，路面是否平整，有无积水、坑洼等影响车辆行驶的情况，警示标志和防护设施是否完好、清晰。对运输管理规定执行情况的检查，要检查车辆的行驶路线是否符合规定、是否存在超载、超速等违规行为，以确保运输管理规定得到严格执行。通过安装车辆定位系统和监控设备，实时监测车辆的行驶路线和速度，及时发现并纠正违规行为。

建立安全隐患排查治理机制至关重要。对于检查中发现的安全隐患，要明确整改责任人、整改期限和整改要求，确保隐患得到及时有效的治理。在发现车辆制动系统存在故障隐患时，立即通知维修人员进行维修，明确维修人员为整改责任人，要求其在规定时间内完成维修任务，并对维修质量进行跟踪检查。对重大安全隐患，要采取停产整顿等措施，防止事故的发生。在发现巷道存在严重的支护问题，可能导致巷道垮塌时，应立即停止该区域的运输作业，组织专业人员进行整改，在隐患未消除之前，严禁恢复运输作业。同时，要对安全隐患的排查治理情况进行记录和跟踪，定期对隐患治理效果进行评估，以确保安全隐患得到彻底消除。建立安全隐患排查治理台账，详细记录隐患的发现时间、地点、类型、整改责任人、整改期限和整改情况等信息，便于对隐患治理工作进行管理和监督。

第五节　特种车辆检验及事故预防

一、检验工作概述与重要性

特种车辆检验工作，是保障这类车辆在特定作业环境下安全、高效运行的关键环节，对于预防事故、保护人员生命和财产安全具有不可替代的重要意义。

特种车辆检验主要涵盖验收检验和定期检验两大类别。验收检验是对新增、大修或改造的场（厂）内专用机动车辆在投入使用前进行的全面检查，旨在确保车辆在初始投入阶段就符合相关安全标准和技术要求。在一辆新购置的叉车投入使用前，验收检验会对其整车的外观、结构完整性进行检查，以确保车身无变形、损坏，各部件连接牢固。对动力系统，包括发动机的启动性能、动力输出稳定性、燃油系统的密封性等进行测试；对灯光电气系统，检查各种灯光的配置是否符合设计要求，电气线路是否布置合理、无漏电隐患；对传动系统、行驶系统、转向系统和制动系统等关键部位的性能和可靠性进行严格检测，如检测制动系统的制动距离是否符合标准，转向系统的灵活性和准确性等。只有通过验收检验，车辆才能正式投入使用，从而为后续的安全运行奠定坚实基础。

定期检验则是对在用的特种车辆每年进行一次的常规检查，其目的在于及时发现车辆在长期使用过程中出现的磨损、老化、故障等问题，以确保车辆始终处于良好的运行状态。在定期检验中，除了对车辆的各个系统和部件进行性能检测外，还会检查车辆的维护保养记录，了解车辆的使用情况和维护历史。通过对轮胎磨损程度的检查，可以判断车辆的行驶路况和驾驶习惯，及时发现异常磨损并采取相应措施；对发动机的机油质量和液位进行检测，确保发动机得到良好的润滑和冷却；对车辆的安全保护装置，如超载限制器、紧急制动装置等进行功能测试，确保在紧急情况下这些装置能够正常发挥作用。

车辆安全事故的发生，往往会带来严重的后果，不仅会导致人员伤亡，给家庭带来巨大的痛苦和损失，还会造成生产中断，给企业带来经济损失，影响企业的正常运营和发展。特种车辆检验作为预防事故的重要手段，通过及时发现和排除车辆存在的安全隐患，能够有效降低事故发生的概率。根据相关统计数据显示，经过定期检验且维护良好的特种车辆，其事故发生率明显低于未进行定期检验或检验不合格的车辆。在某物流园区，通过加强对场内叉车的定期检验和维护管理，叉车事故发生率在一年内降低了 30%，有效保障了园区的安全生产和运营效率。

检验工作对于保障生产效率也具有重要作用。特种车辆在生产活动中承担着物料搬运、设备运输等重要任务，一旦发生故障或事故，将导致生产停滞，影响生产进度。通过定期检验，能够提前发现车辆潜在的问题，并及时进行维修和保养，避免车辆在作业过程中出现突发故障，以确保生产活动的顺利进行。在某工厂中，由于对厂内的装载机进行定期检验和维护，及时更换了磨损的零部件，装载机在一年内的故障停机时间减少了50%，这大大提高了生产效率，降低了生产成本。

二、检验依据、项目与技术方法

特种车辆的检验工作必须严格遵循一系列相关的标准和法规，这些标准和法规构成了检验工作的坚实依据，确保检验过程的科学性、规范性和权威性。《特种设备安全法》作为特种设备领域的基本法律，明确了特种设备的生产、经营、使用、检验、检测等各个环节的安全要求和法律责任，为特种车辆的检验提供了上位法的支持。《特种设备安全监察条例》进一步细化了特种设备安全监察的具体规定，包括设备的注册登记、检验检测、事故处理等方面，为特种车辆的检验工作提供了详细的操作指南。《场（厂）内专用机动车辆安全技术监察规程》（TSGN0001）则专门针对场（厂）内专用机动车辆，从车辆的设计、制造、安装、改造、维修、使用、检验等全过程进行了技术规范，对车辆的安全性能指标、检验项目和方法等作出了明确规定，是检验工作的核心技术依据之一。《机动工业车辆安全规范》（GB10827.1—2014）对机动工业车辆的安全设计、操作、维护等方面提出了具体要求，涵盖了叉车、牵引车等常见特种车辆，为检验工作提供了重要的技术标准。《工业企业厂内铁路、道路运输安全规程》（GB4387）规定了工业企业厂内铁路、道路运输的安全要求，包括运输设备的安全性能、运输作业的安全规范等，对于特种车辆在厂内道路上的安全运行和检验具有重要的指导意义。这些标准和法规相互关联、相互补充，共同为特种车辆的检验工作提供了全面、系统的依据。

检验项目涵盖了整车、动力系统、灯光电气系统、传动系统、行驶系统、转向系统、制动系统、工作装置和专用机械等多个关键部分。整车检验要求车辆必须具备国家统一制定的牌照，相关技术资料及档案齐全，以确保车辆的合法性和可追溯性。车辆按国家标准设置的各种仪表应齐全有效，如车速表、油量表、水温表等，以便驾驶员及时了解车辆的运行状态。装载运输易燃易爆、剧毒等危险品的车辆或行驶于危险场所的车辆，必须符合相应特殊安全要求，如配备防火、防爆、防静电等安全装置，以保障运输过程的安全。动力系统检验重点关注发动机的安装是否牢固可靠，连接部位有无松动、脱落、损坏等情况，以确保发动机在运行过程中的稳定性和可靠性。点火系、燃料系、润滑系、冷却系应性能良好，工作正常，安装牢固，线路、管路无漏电、漏水、漏油现象，保证发动机能够正常启动、运行和熄火，为车辆提供稳定的动力输出。灯光电气检验要求各种车辆灯光的配置应符合设计技术要求，包括前照灯、转向灯、刹车灯、雾灯等，确保车辆在行驶过程中的照明和信号指示正常。蓄电池车辆，蓄电池金属盖板与蓄电池带电部分之间必须有 15mm 以上的空间，如盖板和带电部分之间具有绝缘层时，则其间隙至少要有 10mm，且绝缘层必须牢固，以免在正常使用时发生绝缘层脱落或移动，引发电气安全事故。传动系统、行驶系统、转向系统和制动系统的检验则分别针对各自系统的关键部件和性能指标进行检测，以确保车辆的行驶性能、转向灵活性和制动可靠性。传动系统的齿轮、传动轴、离合器等部件应无磨损、变形、松动等问题，保证动力的有效传递；行驶系统的轮胎、轮毂、悬挂等部件应状态良好，以确保车辆行驶的平稳性和安全性；转向系统的转向节、转向拉杆、转向器等部件应灵活可靠，以保证车辆能够准确地按照驾驶员的意图转向；制动系统的制动片、制动盘、制动管路等部件应磨损正常，制动性能良好，制动距离应符合标准要求，以确保车辆在紧急情况下能够及时停车。工作装置检验针对叉车门架、货叉、属具等部件，要求叉车门架应设有防止货叉架升到最高位时脱出的限位装置，货叉在叉架上的固定必须可靠，能防止货叉从叉架上脱落和货叉横向滑移和脱落，属具在叉架上固定必须可靠，能防止属具从叉架上脱落和防止属具横向移动。货叉不得有裂纹，如发现货叉表面有裂纹，应停止使用；货叉两叉尖应该等高，两叉尖高度差不得超过水平段长度的 3%；货叉由于使用磨损，货叉水平段和垂直的厚度不得小于原值的 90% 及以下。专用机械检验针对升降倾斜油缸、锁止机件、专用机具等部件，要求升降倾斜油缸应密封良好，无裂纹和漏油现象，油缸应达到额定的工作压力和动作时间，倾斜油缸应灵活可靠地使属具倾斜，升降油缸应能平稳地升降属具及载荷，支承载荷时，油缸柱塞的回缩量应符合设计规定值；锁止机件齐全，无裂纹、变形，开启、锁止灵敏可靠；专用机具（叉、铲、斗、吊钩、滚、轮、链、轴、销）结构件（门架、扩顶架、臂架、支撑台架）应完整，无裂纹，无变形，磨损不超限，连接配合良好，工作灵敏可靠；液压系统管路必须畅通，密封良好，与其他机件不磨不碰，液压分配器上必须有铭牌和功能指示牌，液压元件应配合良好，无泄漏；操纵手柄（杆）无变形，轻便灵活，工作可靠；安全阀动作灵敏可靠，功能元件齐全有效；工作部件在额定速度范围内不应有爬行、停滞和明显的冲动，应符合设计要求。

在技术方法上，外观检验是基础环节，通过目视和简单工具，对车辆的整体外观、部件连接、安全装置等进行直观检查，查看是否存在明显的损坏、变形、松动等问题。对车辆的车身、车架、车门等部位进行外观检查，查看是否有碰撞、刮擦、锈蚀等痕迹；检查车辆的各种安全装置，如安全带、安全气囊、防护栏等是否完好有效。功能性检验则通过实际操作车辆，测试其各项功能是否正常，包括启动、行驶、转向、制动、装载等功能。在功能性检验中，启动车辆，检查发动机的启动性能和运行状态；驾驶车辆进行直线行驶、转弯、倒车等操作，以检查车辆的转向灵活性和行驶稳定性；进行制动测试，检查车辆的制动性能是否符合要求；操作叉车进行货物装载和卸载作业，检查工作装置的功能是否正常。仪器检测利用专业的检测仪器，对车辆的关键性能指标进行精确测量，如制动距离、车速、灯光强度、尾气排放等。使用制动距离检测仪测量车辆的制动距离，使用车速表检验仪检测车速表的准确性，使用灯光检测仪测量灯光的强度和照射角度，使用尾气检测仪检测车辆的尾气排放是否符合环保标准。无损检测针对车辆的关键零部件，如车架、车轴、车轮等，采用无损检测技术，如超声波检测、磁粉检测、射线检测等，检测内部是否存在裂纹、缺陷等问题，以确保零部件的安全性和可靠性。在对车架进行无损检测时，使用超声波检测技术，检测车架内部是否存在隐藏的裂纹，及时发现潜在的安全隐患。

三、事故原因分析与预防策略

特种车辆事故的发生，往往是由多种复杂因素相互交织、共同作用导致的，这些因素涵盖了人员、车辆、环境等多个关键方面。

人员因素在事故成因中占据主导地位，主要表现为驾驶员的违规操作和安全意识淡薄。部分驾驶员在作业过程中，未能严格遵循安全操作规程，存在超速行驶、疲劳驾驶、违规载人等严重违规行为。在某物流仓库中，一名叉车驾驶员为了赶时间完成货物搬运任务，在仓库通道内超速行驶，当遇到前方突然出现的行人时，由于车速过快，无法及时制动，导致叉车与行人发生碰撞，造成行人重伤。还有一些驾驶员在工作中安全意识薄弱，对潜在的安全风险缺乏足够的认识和警惕，在转弯、倒车时不注意观察周围环境，从而引发事故。在某工厂的装卸区域，一名叉车驾驶员在倒车时，没有仔细观察后方情况，撞倒了正在后方作业的工人，导致工人受伤。驾驶员的技术水平不足也是引发事故的重要原因之一。一些驾驶员缺乏系统的培训和实践经验，对车辆的操作不够熟练，在遇到紧急情况时，无法迅速、准确地采取有效的应对措施，容易导致事故的发生。

车辆故障是引发事故的另一个重要因素。车辆的制动系统、转向系统、电气系统等关键部件若出现故障，将直接影响车辆的安全性能。制动系统故障可能导致车辆制动失灵，无法及时停车，增加碰撞事故的风险；转向系统故障会使车辆转向失控，难以按照驾驶员的意图行驶，容易引发侧翻、碰撞等事故；电气系统故障则可能引发火灾、爆炸等严重事故。某厂内的一辆牵引车，由于长期未对制动系统进行维护保养，制动片严重磨损，在一次运输作业中，当驾驶员需要紧急制动时，制动系统失灵，车辆无法及时停下，撞上了前方的障碍物，造成车辆损坏和货物损失。车辆的老化和磨损也是导致故障的常见原因，随着车辆使用年限的增加，各部件的性能逐渐下降，故障率也随之升高。

作业环境复杂是特种车辆事故频发的又一重要原因。场（厂）内道路狭窄、路况不佳，存在坑洼、积水、障碍物等情况，会影响车辆的行驶稳定性和操控性，增加事故发生的概率。在某工厂的厂区道路上，由于道路年久失修，存在多处坑洼，一辆叉车在行驶过程中，车轮陷入坑洼，导致叉车侧翻，货物散落。照明不足会使驾驶员视线受阻，难以看清周围环境，容易发生碰撞事故；通风不良则可能导致驾驶员缺氧、疲劳，影响其反应能力和操作准确性。在一些地下停车场或仓库中，由于照明条件较差，驾驶员在行驶过程中难以看清道路和周围的障碍物，容易发生碰撞事故。同时，场（厂）内人员和车辆流动频繁，交叉作业现象普遍，若缺乏有效的交通管理和安全措施，容易引发车辆与人员、车辆与车辆之间的碰撞事故。在某建筑工地，由于施工场地狭窄，人员和车辆众多，且缺乏有效的交通疏导，一辆混凝土搅拌车在转弯时，与一辆正在行驶的小型货车发生碰撞，造成两车不同程度损坏，人员受伤。

针对这些事故原因，可采取一系列有针对性的预防策略。首先，要加强驾驶员培训与管理。定期组织驾驶员参加安全培训，内容涵盖安全法规、操作规程、应急处理等方面，以提高驾驶员的安全意识和操作技能。通过案例分析、模拟演练等方式，让驾驶员深刻认识到违规操作的危害，增强其遵守安全规定的自觉性。加强对驾驶员的日常管理，建立健全驾驶员考核制度，对违规操作、安全意识淡薄的驾驶员进行严肃处理，以激励驾驶员严格遵守安全规定，确保行车安全。

车辆维护保养也是预防事故的关键环节。建立完善的车辆维护保养制度，明确维护保养的周期、内容和标准，严格按照制度对车辆进行定期维护保养。加强对车辆关键部件的检查和维修，及时更换磨损、老化的部件，以确保车辆的安全性能始终处于良好状态。在车辆维护保养过程中，要使用合格的零部件和润滑油，以确保维护保养质量。同时，利用现代信息技术，建立车辆故障预警系统，通过对车辆运行数据的实时监测，及时发现潜在的故障隐患，提前采取措施进行维修，避免故障的发生。

优化作业环境对于预防事故也具有重要意义。合理规划场（厂）内道路，确保道路宽度、平整度、坡度等符合安全要求，设置明显的交通标志和标线，引导车辆有序行驶。加强道路的维护和管理，及时修复破损的路面，清理道路上的障碍物，确保道路畅通。改善照明和通风条件，为驾驶员提供良好的工作环境，提高其视觉和反应能力。合理安排人员和车辆的流动路线，减少交叉作业，避免人员和车辆之间的冲突。在人员和车辆流动频繁的区域，设置隔离设施和警示标志，以加强安全防护。

第五章　特种设备检验检测技术的应用

第一节　特种设备检验检测技术——无人机的应用

一、无人机概述

无人机，即无人驾驶飞机（UAV），依靠无线电遥控设备和自身程序控制装置运作。常见类型有固定翼、多旋翼和直升机无人机。固定翼无人机飞行速度快、航程远，适合大面积的特种设备巡检，如长距离压力管道的初步排查；多旋翼无人机灵活性高，可在空中悬停，这使其在对特种设备精细部位检测时优势明显，像对起重机吊钩的近距离观察；直升机无人机则兼具一定负载能力与较好机动性。

其构造涵盖机身、动力、飞控、通信及各类搭载设备。动力系统多为电动或燃油驱动，为飞行提供动力。飞控系统犹如“大脑”，掌控飞行姿态、规划航线并负责与地面站通信。通信系统保障地面人员实时掌握无人机状态并下达指令，搭载设备依据检测任务而定，高清摄像头用于拍摄设备外观，红外热成像仪探测设备内部温度异常，激光雷达可进行三维建模。

从工作原理上，固定翼无人机利用机翼上下气流速度差产生升力飞行；多旋翼无人机依靠多个旋翼的反作用力维持飞行与姿态控制。飞行期间，飞控系统按预设程序或地面指令，实时调整动力输出与飞行姿态，以确保无人机稳定完成任务。

二、无人机的技术应用要点

（一）设备选型

根据不同特种设备的检测需求，选择合适的无人机型号及搭载设备至关重要。在型号选择方面，需综合考虑特种设备的检测环境、检测范围和检测精度要求。对于开阔空间、大面积的特种设备检测，如大型储罐区、长输管道等，可选用续航能力强、飞行速度快、载荷较大的固定翼无人机。这类无人机能够快速覆盖较大的检测区域，提高检测效率，且其飞行稳定性较好，可确保搭载设备在飞行过程中获取稳定的图像和数据。某型号的固定翼无人机，续航时间可达数小时，最大飞行速度可达每小时数十公里，有效载荷可达数千克，非常适合长距离的管道巡检任务。

对于空间较为狭窄、结构复杂的特种设备，如建筑物内的电梯井道、小型压力容器内部等，多旋翼无人机则更为适用。多旋翼无人机具有良好的机动性和悬停能力，能够在狭小空间内灵活飞行，实现对设备各个部位的近距离检测。其操作相对简单，能够快速响应检测人员的指令，满足复杂环境下的检测需求。一款小型多旋翼无人机，轴距较短，可在直径较小的电梯井道内自由飞行，通过搭载高清摄像头，能够清晰拍摄井道内的导轨、电缆、安全部件等，为电梯的安全检测提供详细的图像资料。

在搭载设备的选择上，高清摄像头是最基本的配置，用于获取设备的外观图像，以便检测人员通过图像分析判断设备是否存在裂缝、变形、腐蚀等表面缺陷。不同特种设备对摄像头的分辨率和变焦能力有不同要求。对于大型特种设备，如桥梁、起重机等，需要配备高分辨率、长焦变焦的摄像头，以便在远距离拍摄时也能清晰捕捉到设备的细节。一款配备了高像素传感器和长焦镜头的高清摄像头，能够在数百米外拍摄到桥梁表面毫米级的裂缝，为桥梁的安全评估提供有力依据。

红外热像仪也是常用的搭载设备之一，主要用于检测设备的温度分布情况，从而发现设备内部的潜在缺陷，如内部短路、局部过热、隔热层损坏等。在检测电力设备、化工设备时，红外热像仪能够发挥重要作用。通过分析设备表面的温度分布，可及时发现设备的异常发热点，提前预警设备故障。

激光测距仪可用于测量特种设备的尺寸、距离等参数，为设备的检测和评估提供数据支持。在检测大型储罐的壁厚、压力管道的管径时，激光测距仪能够快速、准确地获取相关数据。一些先进的激光测距仪还具备高精度的三维测量功能，能够生成设备的三维模型，直观展示设备的结构和尺寸信息。

气体传感器可搭载在无人机上，用于检测特种设备周围环境中的有害气体浓度，如检测化工设备周围的可燃气体、有毒气体浓度，保障检测人员和设备的安全。在检测过程中，无人机可以在设备周围飞行，实时监测气体浓度，一旦发现气体浓度超标，及时发出警报。

（二）飞行路径规划

根据特种设备的结构和检测要求，规划科学合理的无人机飞行路径是确保检测质量和效率的关键。在规划飞行路径时，首先要对特种设备的结构进行详细分析，了解设备的形状、尺寸、关键部位和潜在的安全隐患区域。对于复杂结构的特种设备，如大型锅炉，其内部包含多个部件，如炉膛、对流管束、过热器等，需要对每个部件的位置和形状进行精确测量和建模。

其次，结合检测要求确定检测重点区域和检测方式。对于压力容器，焊缝部位是检测的重点，飞行路径应围绕焊缝进行规划，确保无人机能够获取清晰的焊缝图像。在检测过程中，可采用螺旋式、环绕式、直线式等不同的飞行方式。螺旋式飞行路径适用于对圆形或圆柱形设备的检测，无人机从设备底部开始，以螺旋状逐渐上升，能够全面覆盖设备表面；环绕式飞行路径则常用于对设备周围环境的检测，如检测大型储罐周围的安全距离、是否存在障碍物等；直线式飞行路径适用于对长距离的压力管道、桥梁等设备的检测，无人机沿着管道或桥梁的轴线方向飞行，快速获取设备的整体情况。

再次，在规划飞行路径时，还需考虑飞行安全因素，避开障碍物、高压线、人员密集区域等危险区域。利用地理信息系统（GIS）技术，结合特种设备周围的地形、建筑物等信息，生成安全的飞行区域。通过设置虚拟的飞行边界，防止无人机飞入危险区域。还应考虑天气因素对飞行的影响，如在强风、暴雨、大雾等恶劣天气条件下，应暂停飞行检测，以确保无人机和检测任务的安全。

最后，为了提高飞行路径规划的效率和准确性，可采用自动化的路径规划软件。这些软件能够根据输入的特种设备结构信息、检测要求和安全参数，自动生成优化的飞行路径。通过模拟飞行功能，提前验证飞行路径的可行性和安全性，对路径进行调整和优化。一些先进的路径规划软件还具备实时更新功能，能够根据无人机飞行过程中的实际情况，如遇到突发障碍物、信号干扰等，及时调整飞行路径，确保检测任务的顺利进行。

（三）图像数据处理

对无人机获取的图像数据进行降噪、增强、分析等处理，是从图像中提取有效信息、准确判断特种设备状况的重要环节。在降噪处理方面，由于无人机在飞行过程中可能受到各种干扰，如电磁干扰、气流抖动等，导致获取的图像存在噪声，影响图像的清晰度和细节表现。常见的降噪算法有均值滤波、中值滤波、高斯滤波等。均值滤波是通过计算邻域像素的平均值来代替当前像素的值，达到平滑图像、降低噪声的目的，但这种方法在平滑噪声的同时，也会使图像的边缘和细节变得模糊。中值滤波则是将邻域像素按照灰度值大小进行排序，取中间值作为当前像素的值，能够有效去除椒盐噪声等脉冲噪声，同时较好地保留图像的边缘和细节。高斯滤波是基于高斯函数的加权平均滤波方法，对服从正态分布的噪声具有较好的抑制效果，能够在平滑噪声的同时，保持图像的平滑度和连续性。在实际应用中，可根据图像噪声的特点选择合适的降噪算法，也可结合多种算法进行综合降噪处理。

图像增强是为了突出图像中的有用信息，提高图像的对比度和清晰度，便于后续的分析和判断。常用的图像增强方法有直方图均衡化、灰度变换、锐化处理等。直方图均衡化是通过对图像的直方图进行调整，使图像的灰度分布更加均匀，从而增强图像的对比度。这种方法适用于图像整体对比度较低的情况，能够使图像中的细节更加清晰。灰度变换是根据一定的数学函数对图像的灰度值进行变换，如线性变换、对数变换、指数变换等，以达到增强图像特定区域的目的。锐化处理则是通过增强图像的高频分量，突出图像的边缘和细节，使图像更加清晰。常见的锐化算法有拉普拉斯算子、Sobel 算子等。

在图像分析方面，主要是利用图像识别技术和人工智能算法，对处理后的图像进行特征提取和缺陷识别。通过建立特种设备缺陷的特征库，将图像中的特征与特征库进行比对，判断设备是否存在缺陷以及缺陷的类型、大小和位置。对于压力容器的焊缝图像，利用图像识别算法可以识别出焊缝中的裂纹、气孔、未焊透等缺陷，并测量缺陷的尺寸。采用深度学习算法，如卷积神经网络（CNN），对大量的特种设备图像进行训练，使其能够自动学习和识别各种缺陷模式，以提高缺陷识别的准确性和效率。一些先进的图像分析软件还具备缺陷分类和严重程度评估功能，能够根据缺陷的特征和相关标准，对缺陷进行分类，并评估其对设备安全运行的影响程度，为设备的维护和维修提供决策依据。

第二节　特种设备检验检测技术——物联网技术的应用

一、物联网技术原理与架构

物联网技术是通过射频识别（RFID）、红外感应器、全球定位系统、激光扫描器等信息传感设备，按约定的协议，把任何物品与互联网连接起来，进行信息交换和通信，以实现智能化识别、定位、跟踪、监控和管理的一种网络技术。其核心和基础仍然是互联网，是在互联网基础上的延伸和扩展的网络，用户端延伸和扩展到了任何物品与物品之间，进行信息交换和通信。

从架构上看，物联网主要由感知层、网络层和应用层组成。感知层就如同物联网的“感官”，负责采集和获取物理世界的各种信息。在特种设备检验检测场景中，感知层包含大量的传感器，如压力传感器、温度传感器、振动传感器、位移传感器等。这些传感器被安装在特种设备的关键部位，实时监测设备的运行参数，如压力、温度、振动幅度、位移变化等信息。

网络层是物联网的“神经中枢”，负责将感知层采集到的数据进行传输和处理。它主要依托现有的通信网络，包括移动通信网络（如 4G、5G）、有线网络（如以太网）以及无线局域网（Wi-Fi）等。通过这些网络，传感器采集的数据能够快速、稳定地传输到数据中心或云端服务器。

应用层则是物联网的“大脑”，是物联网与用户（包括人、组织和其他系统）的接口，为用户提供各种应用服务。在特种设备检验检测中，应用层通过开发专门的软件平台，对传输过来的数据进行分析、处理和展示。用户可以通过电脑、手机等终端设备，登录该平台，实时查看特种设备的运行状态、历史数据、故障预警信息等。

二、物联网技术应用的关键环节

（一）传感器的选择与布局

在特种设备检验检测中，传感器作为物联网系统获取数据的关键前端设备，其选择与布局的合理性直接影响着检测的准确性和有效性。根据特种设备的不同类型和检测需求，需精准选择适配的传感器。对于锅炉这类特种设备，温度传感器是必不可少的，用于实时监测锅炉内部的水温、蒸汽温度以及炉膛燃烧温度等关键参数。不同部位的温度监测对传感器的精度和耐高温性能要求各异，炉膛内部的高温环境要求温度传感器具备良好的耐高温特性，可选用热电偶传感器，其能够在高温环境下稳定工作，准确测量温度，且响应速度快，能及时反映温度变化。压力传感器则用于监测锅炉内的蒸汽压力，以确保压力处于安全范围内，避免超压引发爆炸等危险事故。在选择压力传感器时，要考虑其量程和精度，量程需覆盖锅炉正常运行时的压力范围，精度要满足对压力变化的精确监测要求，以保障锅炉的安全运行。

在压力容器检测中，除了压力和温度传感器外，还需配备应变传感器。应变传感器可用于监测容器壁的应变情况，当容器壁受到压力或其他外力作用发生变形时，应变传感器能够感知到应变的变化，并将其转换为电信号输出。通过对应变数据的分析，可以判断容器壁的受力状态和是否存在潜在的结构损伤，为压力容器的安全评估提供重要依据。

传感器的布局也至关重要，合理的布局能够确保全面、准确地获取特种设备的运行数据。在大型储罐的检测中，传感器应均匀分布在储罐的各个部位，包括顶部、底部、侧面以及进出口等关键位置。在顶部安装压力传感器和液位传感器，可实时监测储罐内的压力和液位高度；在底部安装温度传感器和腐蚀监测传感器，用于监测储罐底部的温度和腐蚀情况，因为底部通常是腐蚀较为严重的区域；在侧面均匀布置多个温度传感器和应变传感器，能够全面监测储罐壁的温度分布和应变情况，及时发现可能出现的局部过热或变形问题。

对于复杂结构的特种设备，如大型起重机，传感器的布局需要结合设备的结构特点和受力情况进行优化。在起重机的主梁、支腿、起重臂等关键受力部件上布置应变传感器和振动传感器。应变传感器用于监测部件的受力应变，振动传感器则用于检测设备运行过程中的振动情况。通过分析振动的频率、幅值等参数，可以判断起重机是否存在异常振动，如结构松动、零部件磨损等问题。在传感器布局时，还需考虑传感器之间的相互干扰问题，合理调整传感器的安装位置和方向，避免信号干扰对检测结果产生影响。

（二）数据安全保障措施

在物联网技术应用于特种设备检验检测的过程中，数据安全是至关重要的环节，直接关系设备的安全运行、企业的利益以及用户的隐私。在数据传输过程中，采用加密技术是保障数据安全的关键手段。常见的加密算法如 SSL/TLS（安全套接层 / 传输层安全）协议，广泛应用于物联网数据传输中。SSL/TLS 协议通过在数据发送端对数据进行加密，将明文转换为密文后再进行传输，在接收端则使用相应的密钥对密文进行解密，还原为明文。这样，即使数据在传输过程中被第三方截获，由于没有正确的密钥，也无法获取数据的真实内容，有效防止了数据被窃取和篡改。

为了进一步提高数据传输的安全性，还可以采用虚拟专用网络（VPN）技术。VPN 通过在公用网络上建立专用的加密通道，实现物联网设备与数据中心之间的安全通信。在 VPN 网络中，数据经过加密后在通道中传输，只有授权的设备才能接入该通道，从而保证数据传输的保密性和完整性。对于一些对数据安全要求极高的特种设备检测场景，如核电站设备的监测数据传输，VPN 技术能够提供更加可靠的安全保障。

在数据存储方面，定期备份是防止数据丢失的重要措施。通过将物联网系统采集到的特种设备运行数据定期备份到多种存储介质，并分别存储在不同地理位置的服务器上，可以有效降低因硬件故障、自然灾害、人为误操作等原因导致的数据丢失风险。可以将数据备份到本地硬盘、磁带库以及云端存储等不同介质中，形成多副本备份。在不同地理位置设置备份服务器，如在本地数据中心和异地灾备中心同时存储备份数据，当本地数据出现问题时，能够迅速从异地备份中恢复数据，以确保数据的连续性和可用性。

建立完善的数据恢复机制也是保障数据安全的关键。在数据丢失或损坏的情况下，数据恢复机制能够快速、准确地将备份数据恢复到系统中，使物联网系统能够继续正常运行。数据恢复机制应包括数据恢复的流程、工具和技术，以及相关的人员职责和应急预案。制订详细的数据恢复计划，明确在不同情况下的数据恢复步骤和时间要求；配备专业的数据恢复工具和软件，以确保能够高效地进行数据恢复操作；对相关人员进行培训，使其熟悉数据恢复流程和操作方法，以提高数据恢复的成功率。

除了加密和备份技术，还应采取严格的访问控制措施，确保只有授权人员和设备能够访问和处理特种设备检测数据。通过设置用户权限、身份认证等方式，限制对数据的访问级别和操作范围。采用多因素身份认证，如密码、指纹识别、短信验证码等相结合的方式，增强用户身份验证的安全性，防止非法用户登录系统获取数据。建立完善的数据访问审计机制，对用户的访问行为进行记录和审计，及时发现异常访问行为并采取相应的措施。

（三）系统兼容性与扩展性

物联网系统在特种设备检验检测中的应用，需要确保与现有特种设备及未来技术发展具备良好的兼容性和可扩展性。在与现有特种设备的兼容性方面，应充分考虑不同品牌、型号特种设备的接口标准和通信协议。许多特种设备在设计和制造时采用了各自的标准和协议，这就要求物联网系统具备强大的兼容性，能够与这些不同的设备进行无缝对接。通过开发通用的接口模块和协议转换软件，使物联网系统能够识别和解析不同特种设备发送的数据信号，并将其转换为统一的格式进行处理和分析。

对于一些老旧的特种设备，可能缺乏必要的通信接口或采用了过时的通信协议，此时需要对设备进行改造升级，增加适配物联网系统的接口和通信模块。在改造过程中，要充分考虑设备的原有结构和性能，确保改造后的设备能够正常运行，并且不影响其安全性和稳定性。对于一些无法进行硬件改造的设备，可以采用外接传感器和数据采集终端的方式，实现对设备运行数据的采集和传输。

为了适应未来技术发展的需求，物联网系统应具备良好的扩展性。在硬件方面，采用模块化设计理念，使系统的各个硬件组件能够方便地进行更换和升级。物联网数据采集终端应具备可扩展的接口，能够方便地添加新的传感器或其他设备，以满足不断变化的检测需求。在软件方面，采用开放式的架构和标准化的接口，便于与未来可能出现的新技术和新应用进行集成。开发具有良好扩展性的数据分析软件平台，能够方便地添加新的算法和模型，以提高对特种设备运行数据的分析和处理能力。

随着人工智能、大数据、区块链等新技术的不断发展，物联网系统应能够及时引入这些新技术，提升特种设备检验检测的智能化水平和数据安全保障能力。利用人工智能技术对设备运行数据进行深度学习和分析，实现更加精准的故障预测和诊断；运用区块链技术保障数据的真实性和不可篡改，提高数据的可信度和安全性。通过不断提升系统的兼容性和扩展性，物联网技术在特种设备检验检测领域将能够持续发挥重要作用，为特种设备的安全运行提供更加可靠的技术支持。

第三节　特种设备检验中无损检测技术应用

一、无损检测技术概述

无损检测，顾名思义，是在不损害或不影响被检测对象使用性能的前提下，采用物理或化学方法，对特种设备的内部结构、表面及近表面缺陷、材料性能等进行检测和评估的技术。其目的在于及时发现设备在制造、安装、使用过程中产生的各类缺陷，为设备的安全运行提供可靠依据，预防事故发生。常见的无损检测方法包括射线探伤技术、超声波检测技术、磁粉检测技术、渗透检测技术以及涡流检测技术等，每种方法都有其独特的适用范围和优缺点。

二、常见无损检测技术原理与特点

（一）射线探伤技术

射线探伤技术是利用射线（如 X 射线、γ 射线）穿透物体时，由于物体内部结构和密度的差异，对射线的吸收和衰减程度不同，从而在射线底片或成像设备上形成不同灰度或亮度的影像，以此来判断物体内部是否存在缺陷以及缺陷的位置、形状和大小。

该技术的优点是能够直观地显示缺陷的形状、大小和位置，检测结果准确性高，对体积型缺陷（如气孔、夹渣）的检测灵敏度高。然而，射线探伤也存在明显的缺点，射线对人体有害，需要严格的防护措施；检测成本较高，设备复杂且需要专业的操作人员；对面积型缺陷（如裂纹）的检测灵敏度相对较低，特别是当裂纹平面与射线方向平行时，容易漏检。

（二）超声波检测技术

超声波检测技术基于超声波在介质中传播时，遇到不同介质的界面会发生反射、折射和散射的特性。当超声波传入特种设备内部时，若遇到缺陷，部分超声波会在缺陷处产生反射，通过接收和分析反射波的信号，就可以确定缺陷的位置、大小和性质。

超声波检测技术的优点是检测灵敏度高，对面积型缺陷（如裂纹）的检测能力强；检测速度快，操作简便，可实现对大型设备的快速检测；对人体无害，无需特殊防护。但其缺点也较为明显，检测结果的判断依赖于检测人员的经验和技术水平，对形状复杂的工件检测难度较大；无法直观显示缺陷的形状，需要专业人员根据反射波信号进行分析和判断。

（三）磁粉检测技术

磁粉检测技术主要用于检测铁磁性材料（如碳钢、合金钢等）表面和近表面的缺陷。其原理是当铁磁性材料被磁化后，若表面或近表面存在缺陷，会在缺陷处形成漏磁场，漏磁场会吸附施加在工件表面的磁粉，从而显示出缺陷的位置和形状。

磁粉检测技术的优点是对表面和近表面缺陷的检测灵敏度极高，能够检测出微小的裂纹；检测速度快，操作简单，成本较低；检测结果直观，容易判断。不过，该技术仅适用于铁磁性材料，对非铁磁性材料无法检测；只能检测表面和近表面的缺陷，对内部较深部位的缺陷无能为力；受工件表面状态影响较大，如表面粗糙、有油污等会干扰检测结果。

三、无损检测技术的应用场景与选择依据

（一）不同类型特种设备的检测需求

承压类特种设备与机电类特种设备在材质、结构等方面存在显著差异，这导致它们对无损检测技术有着不同的需求。

承压类特种设备如锅炉、压力容器和压力管道，多采用金属材料制造，其结构通常为封闭的承压壳体或管状结构。由于在运行过程中承受着高温、高压以及介质的腐蚀作用，这类设备容易出现内部裂纹、气孔、夹渣、未焊透等缺陷，这些缺陷一旦引发设备泄漏或爆炸，将造成严重的安全事故。对锅炉的锅筒、封

头、管板等部件，在制造和安装过程中，需要采用射线检测技术来检测焊缝内部的气孔、夹渣等体积型缺陷，因为射线能够穿透金属材料，通过底片成像直观地显示出缺陷的位置和形状。对压力容器的接管与筒体连接部位，由于结构复杂，受力情况特殊，容易产生裂纹等缺陷，可采用超声检测技术进行检测，利用超声波对裂纹等平面型缺陷的高灵敏度，及时发现潜在的安全隐患。压力管道在长期运行过程中，可能因腐蚀导致管壁变薄，此时可使用超声测厚仪定期检测管道壁厚，以确保管道的承压能力。

机电类特种设备涵盖电梯、起重机械、客运索道、大型游乐设施和场（厂）内专用机动车辆等，其材质较为多样，包括金属、非金属以及复合材料等，结构也更为复杂，往往由多个机械部件组成，各部件之间通过连接、传动等方式协同工作。在运行过程中，这类设备主要承受机械应力、振动、摩擦等作用，容易出现表面磨损、疲劳裂纹、零部件松动等问题。电梯的导轨、钢丝绳等部件，在长期使用过程中，钢丝绳可能出现断丝、磨损等缺陷，导轨可能出现变形、磨损等问题，可采用磁粉检测技术对钢丝绳进行检测，利用磁粉在漏磁场的作用下聚集在缺陷处，显示出断丝等缺陷；对于导轨，可通过目视检测和量具测量相结合的方式，检查其表面磨损和变形情况。起重机械的主梁、吊钩等关键受力部件，容易在交变载荷作用下产生疲劳裂纹，可采用超声检测和磁粉检测相结合的方法，先用超声检测初步判断内部是否存在缺陷，再用磁粉检测对表面和近表面进行检测，以提高检测的准确性。客运索道的钢丝绳、抱索器等部件，同样需要定期进行无损检测，以确保其安全运行。大型游乐设施的钢结构件、传动部件等，也需要根据不同的结构特点和运行工况，选择合适的无损检测技术进行检测。

（二）根据缺陷类型选择检测技术

针对不同类型的缺陷，需要选择合适的无损检测技术，以确保能够准确地检测出缺陷并进行有效的评估。

对于内部裂纹这种危害性较大的缺陷，由于其位于材料内部，难以直接观察到，超声检测技术是常用的检测方法之一。超声波在传播过程中遇到裂纹时，会发生反射和散射，通过接收和分析反射波的信号，可以判断裂纹的位置、大小和方向。在检测大型锻件时，内部可能存在锻造裂纹，采用超声检测能够有效地发现这些裂纹。射线检测技术也可用于检测内部裂纹，尤其是对于一些对裂纹检测精度要求较高的场合，射线检测能够通过底片成像，直观地显示出裂纹的形态和位置，但射线检测成本较高，且对人体有一定危害，在使用时需要采取严格的防护措施。

表面缺陷如表面裂纹、气孔、夹渣等，磁粉检测技术具有较高的灵敏度，特别适用于铁磁性材料的表面和近表面缺陷检测。当铁磁性材料被磁化后，表面缺陷处会产生漏磁场，吸附磁粉形成磁痕，从而清晰地显示出缺陷的位置和形状。在检测起重机的吊钩、钢丝绳等部件时，磁粉检测能够快速准确地发现表面裂纹等缺陷。渗透检测技术则适用于各种材料的表面开口缺陷检测，通过将含有染料或荧光剂的渗透液涂覆在工件表面，渗透液会渗入缺陷中，经过清洗、显像等步骤后，缺陷处的渗透液痕迹会被显示出来，便于检测人员观察和判断。对于一些表面粗糙度较低的工件，渗透检测能够有效地检测出表面微小的裂纹、气孔等缺陷。

体积型缺陷如气孔、夹渣、缩孔等，射线检测技术具有明显的优势，能够直观地显示出缺陷的形状、大小和位置，通过对底片上缺陷影像的分析，可以准确地对缺陷进行定性和定量评估。在检测压力容器的焊缝时，射线检测能够清晰地显示出焊缝中的气孔、夹渣等体积型缺陷。超声检测技术对于体积型缺陷也有一定的检测能力，尤其是对于较大尺寸的体积型缺陷，通过分析超声反射波的信号特征，可以判断缺陷的存在和大致位置。

对于一些特殊的缺陷，如复合材料中的分层、脱粘等缺陷，超声检测技术可以通过检测超声波在复合材料中的传播速度和能量衰减情况，来判断是否存在分层、脱粘等缺陷。在检测航空航天领域使用的复合材料部件时，超声检测能够有效地检测出内部的分层缺陷。对于一些导电性材料的表面和近表面缺陷，涡流检测技术则是一种有效的检测方法，利用交变磁场在导体中产生的涡流效应，当导体存在缺陷时，涡流的分布和大小会发生变化，通过检测这种变化来发现缺陷。在检测金属管道的表面腐蚀、裂纹等缺陷时，涡流检测可以快速、准确地检测出缺陷的位置和大小。

（三）综合考虑检测成本与效率

在选择无损检测技术时，综合考虑检测成本和效率是至关重要的，这直接关系到检测工作的可行性和经济性。

检测成本包括设备购置成本、设备维护成本、检测耗材成本以及人力成本等多个方面。射线检测设备价格昂贵，如一台高性能的 X 射线探伤机价格可达数十万元甚至更高，且设备的维护和运行成本也较高，需要专业的防护设施和定期的设备校准，同时射线检测过程中使用的胶片、增感屏等耗材也需要一定的费用。超声检测设备相对较为便宜，一台普通的超声探伤仪价格在数万元左右，维护成本也较低，但超声检测需要使用耦合剂等耗材，且对检测人员的技术水平要求较高，人力成本不容忽视。磁粉检测设备成本较低，操作相对简单，所需的磁粉、磁化设备等耗材价格也较为低廉，人力成本相对较低。渗透检测设备和耗材成本也不高，但检测过程较为烦琐，需要进行多次清洗、显像等操作，耗费时间较长，人力成本相对较高。

检测效率则与检测速度、检测的便捷性以及检测结果的准确性等因素密切相关。射线检测速度较慢，从准备工作到完成检测、处理底片，整个过程较为耗时，对于大规模的检测任务来说，效率较低。超声检测速度较快，能够在短时间内完成对较大面积的检测，但对于形状复杂的工件，检测难度较大，检测效率会受到影响。磁粉检测操作简单、速度快，能够快速对铁磁性材料的表面和近表面进行检测，适用于现场快速检测。渗透检测虽然操作相对简单，但检测过程烦琐，检测效率较低。

在实际检测工作中，需要根据具体情况进行权衡。对于一些对检测精度要求较高、缺陷危害较大的关键部件或重要设备，如核电站的压力容器、航空发动机的关键零部件等，即使检测成本较高，也应优先选择检测精度高、可靠性强的无损检测技术，如射线检测、超声检测等，以确保设备的安全运行。而对于一些检测面积较大、对检测精度要求相对较低的场合，如大型钢结构建筑的一般性检测、普通工业管道的定期巡检等，可以选择检测效率高、成本较低的无损检测技术，如磁粉检测、涡流检测等。还可以采用多种无损检测技术相结合的方式，充分发挥各种技术的优势，在保证检测质量的前提下，提高检测效率，降低检测成本。先使用超声检测对工件进行初步检测，快速发现可能存在的缺陷，再针对可疑部位采用射线检测或其他更精确的检测技术进行进一步的确认和评估，这样既提高了检测效率，又保证了检测结果的准确性。

第四节　目视检测技术在特种设备检验中的应用

一、目视检测技术原理与分类

目视检测技术是特种设备检验中最为基础且应用广泛的方法之一。其原理基于人体视觉系统对设备外观、结构等特征进行直接观察和判断。通过检验人员的眼睛，结合必要的辅助工具，来识别设备表面是否存在缺陷、异常变形、磨损等状况。

目视检测主要分为直接目视检测和间接目视检测。直接目视检测是检验人员在不借助复杂仪器的情况下，直接用肉眼对特种设备进行观察。这种方式适用于设备表面状况较为明显、易于直接观察的部位，如锅炉、压力容器的外表面。而间接目视检测则需要借助一些辅助工具，像反光镜、内窥镜等。

二、目视检测技术的优越性

（一）经济简便与检测速度快

目视检测无需复杂昂贵的检测设备，仅依靠检验人员的眼睛和少量简单工具，大大降低了检测成本。相比一些需要专业设备、复杂操作流程的检测技术，如射线探伤、超声检测等，目视检测准备工作简单，能够快速开展检测。在对一些小型特种设备或设备表面进行初步检查时，检验人员可以迅速完成检测任务，及时发现明显的问题，以提高检测效率，节省时间成本。

（二）适用于狭小空间检测

在特种设备中，存在许多狭小空间，如管道内部、小型压力容器的内部角落等，大型检测设备难以进入。目视检测凭借其灵活性，通过使用小型辅助工具，如内窥镜、微型反光镜等，检验人员能够对这些狭小空间进行细致观察。例如，在检测压力管道内部时，可将内窥镜插入管道，检验人员通过观察内窥镜传输的图像，判断管道内壁是否有腐蚀、结垢等情况，有效解决了大型设备无法触及狭小空间的难题。

（三）能发现特殊缺陷

某些特殊缺陷，如较大的表面裂纹、明显的变形等，在一些先进的无损检测技术中，可能因检测原理或设备限制而难以清晰呈现。但目视检测能够直观地发现这些缺陷。例如，磁粉检测虽然对表面微小裂纹敏感，但对于一些宽度较大、深度较浅的裂纹，由于磁粉的吸附特性，可能无法准确显示其全貌。而目视检测则可以清晰地看到裂纹的走向、长度和宽度，为后续的维修和评估提供直观依据。

（四）裂纹检出率高

在特种设备表面裂纹检测方面，目视检测具有较高的检出率。研究数据表明，对于表面较为明显的裂纹，目视检测的检出率可达 80% 以上。这是因为检验人员在经过专业培训后，能够凭借经验和敏锐的视觉，发现设备表面细微的裂纹迹象。尤其是在光线良好、设备表面清洁的情况下，目视检测能够准确识别出裂纹的起始点、扩展方向等关键信息，为及时采取修复措施提供重要保障。

三、影响目视检测效果的因素

（一）视力因素

检验人员的视力状况对目视检测效果起着关键作用。良好的视力是准确识别缺陷的基础，若检验人员视力不佳，可能会遗漏一些细微的缺陷。例如，近视、远视或散光等视力问题，会影响检验人员对设备表面细节的观察。此外，长时间工作导致的视觉疲劳也会降低视力的敏锐度，使检验人员难以集中精力发现潜在问题。

（二）环境因素

环境光线的强度和均匀度对目视检测影响很大。过强或过弱的光线都不利于观察设备表面状况。在光线过强的环境下，设备表面可能会产生反光，掩盖缺陷，而光线过弱时，一些细微缺陷难以看清。此外，环境中的灰尘、烟雾等杂质也会干扰视线，影响检测效果。

（三）表面处理因素

设备表面的清洁度和平整度对目视检测结果有直接影响。如果设备表面存在油污、锈迹、漆层等杂质，可能会掩盖缺陷，导致检验人员无法准确判断设备状况。例如，设备表面的油污可能会填充微小裂纹，使其在目视检测中难以被发现。另外，表面不平整，如存在凹凸不平的焊缝、粗糙的加工面等，也会增加检测难度，使缺陷不易被察觉。

（四）人员培训因素

检验人员的专业培训程度直接关系目视检测的准确性。经过系统培训的检验人员，熟悉特种设备的结构特点、常见缺陷类型以及检测标准，能够更敏锐地发现问题。相反，未经专业培训或培训不足的人员，可能无法准确识别一些复杂或隐蔽的缺陷。

（五）责任心因素

检验人员的责任心是确保目视检测质量的重要保障。具有高度责任心的检验人员会更加认真细致地对设备进行全面检查，不放过任何一个可能存在问题的部位。而责任心不强的人员，可能会敷衍了事，导致一些缺陷被遗漏。

（六）检测器材因素

虽然目视检测主要依靠肉眼，但辅助检测器材的质量和性能也会影响检测效果。例如，质量差的内窥镜可能图像模糊、视野狭窄，无法清晰地呈现设备内部情况；反光镜的反光效果不佳，会影响对设备背面或难以直接观察部位的检测。此外，检测器材的维护保养也很重要，若器材长期未校准、清洁，其检测精度和效果也会大打折扣。

四、提升目视检测技术应用的建议

（一）加强技术理论研究

加大对目视检测技术理论的研究投入，深入分析目视检测过程中的视觉认知规律、影响检测效果的因素等。通过理论研究，为制定科学合理的检测标准和操作规范提供依据。例如，研究不同光线条件下人体视觉对缺陷的识别能力，从而确定最佳的检测光线强度和角度。同时，利用先进的图像处理技术、人工智能算法等，开发辅助目视检测的软件系统，提高检测的准确性和效率。

（二）健全标准体系

相关部门和行业协会应尽快健全目视检测技术在特种设备检验中的标准体系。明确规定不同类型特种设备的目视检测部位、检测方法、缺陷判定标准以及检测频率等。统一的标准体系能够使不同检验机构和检验人员的检测结果具有可比性，避免因标准不一致导致的检测误差和漏检情况。

（三）开展培训考核

定期组织检验人员参加目视检测技术培训，培训内容包括特种设备结构知识、常见缺陷类型及特征、检测工具的正确使用方法、检测标准和规范等。通过理论授课、实际操作演练、案例分析等多种培训方式，提高检验人员的专业技能水平。同时，建立严格的考核机制，对培训后的检验人员进行考核，只有考核合格的人员才能从事目视检测工作。

（四）规范作业流程

制定详细、规范的目视检测作业流程，明确检验前的准备工作、检测过程中的操作步骤以及检测后的记录和报告要求。检验前，要确保设备表面清洁、检测环境适宜、检测器材完好；检测过程中，检验人员要按照规定的顺序和方法对设备进行全面检查，并做好记录；检测后，要及时整理检测数据，编写检测报告，对发现的问题提出合理的处理建议。

（五）提高人员素养

除了专业技能培训，还要注重提高检验人员的职业素养和责任心。通过开展职业道德教育、树立行业榜样等方式，增强检验人员的责任感和使命感。使检验人员认识到目视检测工作的重要性，从而在工作中保持认真负责的态度。例如，定期组织职业道德讲座，宣传优秀检验人员的事迹，激励其他人员提高自身素养。同时，建立合理的激励机制，对工作认真负责、检测质量高的检验人员给予奖励，对敷衍了事、造成漏检的人员进行惩罚。

（六）加强检测器材管理

重视检测器材的选择、采购、校准和维护保养工作。选择质量可靠、性能优良的检测器材，确保其符合检测标准和要求。定期对检测器材进行校准，以保证其检测精度。建立检测器材档案，记录器材的采购时间、使用情况、维护保养记录等信息。在使用过程中，要正确操作检测器材，避免因操作不当导致器材损坏或检测结果不准确。

参考文献

[1] 曹伟 . 特种设备检验检测的安全管理探讨 [J]. 中国设备工程 ,2025(5):179–181.

[2] 范宏宇 , 段军伟 . 大数据在特种设备检验和管理中的应用 [J]. 中国设备工程 ,2025(1):156–158.

[3] 吕洪雨 , 姜海鹏 , 王冰姿 , 等 . 机电类特种设备检验疑难问题 [J]. 中国标准化 ,2024(16):189–191.

[4] 王国兴 . 试论特种设备检验检测的安全管理 [J]. 中国设备工程 ,2024(22):196–198.

[5] 颜继东 . 特种设备检验检测的安全性研究 [J]. 江西化工 ,2024,40(6):48–50.

[6] 包维华 . 特种设备检验检测机构仪器信息化管理 [J]. 设备管理与维修 ,2024(22):4–6.

[7] 王庆云 . 浅谈特种设备检验机构的质量管理 [J]. 中国设备工程 ,2023(18):272–273.

[8] 赵家炜 , 蔺健宁 . 特种设备检验中无损检测技术的应用分析 [J]. 中国设备工程 ,2024(21):153–155.

[9] 聂杨 . 特种设备检验检测中的无损检测技术应用 [J]. 品牌与标准化 ,2024(3):136–138.

[10] 桑尚杰 . 浅析承压类特种设备检验中的化工工艺运用 [J]. 科学与信息化 ,2024(13):7–9.

[11] 魏慈 . 承压类特种设备检验中的硬度检测分析 [J]. 模型世界 ,2024(18):48–50.

[12] 黄晓昕 . 承压特种设备检验的裂纹问题分析 [J]. 现代制造技术与装备 ,2023,59(12):158–160,164.

[13] 戴西斌 , 左万君 , 吴昌玉 . 无损检测技术在特种设备检验中的应用与分析 [J]. 设备管理与维修 ,2024(2):111–114.

[14] 张永峰 . 分析电梯特种设备检验中易出现的问题 [J]. 中国设备工程 ,2023(3):175–178.

[15] 何自强 , 李秀权 , 张雷 , 等 . 特种设备检验检测与监管智能化发展现状及趋势 [J]. 中国特种设备安全 ,2024,40(8):1–8.

[16] 杨华钦 . 特种设备检验机构质量管理难点分析 [J]. 模具制造 ,2024,24(8):237–239.

[17] 刘辉 . 石油化工产业特种设备检验检测方法的探究 [J]. 模具制造 ,2024,24(10):218–220.

[18] 李倩君 . 浅析提升特种设备检验质量的举措 [J]. 上海轻工业 ,2023(6):135–137.

[19] 孟群轩 . 特种设备检验检测的安全管理分析 [J]. 科学与信息化 ,2023(9):180–182.

[20] 孙健 , 程康 , 周孟 , 等 . 特种设备检验机构管理标准化对策研究 [J]. 中国标准化 ,2024(8):166–170.

[21] 李新宇 . 特种设备检验质量监督与控制措施 [J]. 造纸装备及材料 ,2023,52(4):46–48.

[22] 储羡羡 . 电梯特种设备检验中容易出现的问题探讨 [J]. 大众标准化 ,2024(23):173–175.

[23] 李邵峰 , 樊玲 . 特种设备检验检测的安全管理措施研讨 [J]. 模具制造 ,2024,24(7):246–248.

[24] 彭璞 . 特种设备检验过程中的问题与安全运行措施探析 [J]. 机电产品开发与创新 ,2024,37(3):122–124.

[25] 苏睿 . 解析特种设备检验中无损检测技术应用 [J]. 建材与装饰 ,2023,19(11):

24–26.

[26] 王贵谦，王香玲．HSE 管理体系与特种设备检验检测 [J]. 中国检验检测 ,2023,31(4):85–88.

[27] 马宏伟．基于物联网的特种设备检验仪器质量监控与管理 [J]. 设备管理与维修 ,2024(14):95–97.

[28] 戴西斌，左万君．特种设备检验中大数据技术的应用研究 [J]. 物联网技术 ,2023,13(5):85–86,91.

[29] 刘文强，吴丽红，许子豪．承压类特种设备检验中的硬度检测研究 [J]. 模具制造 ,2023,23(6):271–273.

[30] 朱明涛，索成圆．石油化工产业特种设备检验检测方法 [J]. 中国高新科技 ,2023(10):107–109.

[31] 张梦生．特种设备检验中大数据技术的应用探讨 [J]. 中国设备工程 ,2024(21):200–202.

[32] 魏慈，史秋玉．基于物联网技术的特种设备检验检测系统实践 [J]. 模型世界 ,2024(24):126–128.

[33] 赵瑞峰．机电类特种设备检验数据规范化管理策略探究 [J]. 中国设备工程 ,2023(23):186–188.

[34] 蒋剑超，边缘．无损检测技术在承压类特种设备检验中的应用与发展 [J]. 化工设计通讯 ,2024,50(3):60–62.

[35] 杨刚．特种设备检验过程中的问题与安全运行措施 [J]. 今日自动化 ,2023(7):152–154.

[36] 李麒麟，张汉林．特种设备检验中的安全策略分析 [J]. 电子技术 ,2024,53(2):174–175.

[37] 葛星，张松平．基于特种设备检验中对无损检测技术的应用探析 [J]. 大众标准化 ,2023(24):173–175.